Key Learnings aus dem Seria
Entrepreneurship

Monika Nörr

Key Learnings aus dem Serial Entrepreneurship

Erfahrungen von Mehrfachgründern für eigene Innovationen nutzen

Springer Gabler

Monika Nörr
Geretshausen-Weil
Deutschland

ISBN 978-3-658-13083-1 ISBN 978-3-658-13084-8 (eBook)
DOI 10.1007/978-3-658-13084-8

Die Deutsche Nationalbibliothek verzeichnet diese Publikation in der Deutschen Nationalbibliografie; detaillierte bibliografische Daten sind im Internet über http://dnb.d-nb.de abrufbar.

Springer Gabler

Gedruckt auf säurefreiem und chlorfrei gebleichtem Papier

Springer Gabler ist Teil von Springer Nature
Die eingetragene Gesellschaft ist Springer Fachmedien Wiesbaden GmbH

Vorwort

Serial Entrepreneure gründen in ihrem beruflichen Leben mehr als ein Unternehmen, die meisten zwei bis fünf, manche über 20. Spannend ist es zu erfahren, warum Serial Entrepreneure dies tun und inwiefern sie ihre Erfahrungen und Learnings nutzen. Von diesem Erfahrungsschatz können nicht nur die Serial Entrepreneure selbst, sondern auch etablierte Unternehmen und Start-ups profitieren. Denn gelernt wird nicht nur aus eigenen Fehlern und Erfolgen, sondern ebenso aus den Fehlern und Erfolgen anderer Unternehmer.

Gleich am Anfang möchte ich klarstellen, um was es in diesem Buch nicht geht. Allgemeingültige Thesen und Erfolgsrezepte werden Sie, liebe Leser, in diesem Buch nicht finden. Wie Untersuchungen zeigen, sind Unternehmen erfolgreich, gerade weil sie einzigartig sind. Gäbe es einfach anwendbare Erfolgsrezepte, könnte jeder Unternehmer diese einfach kopieren und in seinem Unternehmen etablieren – und wäre erfolgreich. Allerdings würde er dann nicht mehr herausragen, die Einzigartigkeit und somit auch das spezielle Einwirken auf den Markt und die Gesellschaft wären nicht mehr gegeben.

Um was geht es nun in diesem Buch? Sie als Leser lernen die individuellen Lebensläufe und Geschichten von Serial Entrepreneuren aus Hightechbranchen kennen – aufgezeichnet im lockeren Gespräch. Die Serial Entrepreneure erzählen ihre Geschichte: wie sie zum Unternehmer wurden, warum sie mehrere Unternehmen gegründet haben, was sie antreibt, was sie motiviert, womit sie gute und schlechte Erfahrungen gemacht haben – schlussendlich, was sie gelernt haben. Die Konzentration auf zehn ausgewählte Beispiele ist gewollt, da ein solcher Fokus eine höhere Klarheit und eine bessere Verständlichkeit erlaubt. Somit gibt es absichtlich keine Fülle an weiteren Anwendungsbeispielen, Anekdoten und Fallstudien.

Diese einzigartigen Geschichten der Serial Entrepreneure bilden die Grundlage des Buchs. Auf Basis dieser werden auch die Key Learnings erklärt, kommentiert und mit interessanten Modellen und Erkenntnissen aus der Praxis und der Wissenschaft hinterlegt. Wie Ihnen während des Lesens schon bald deutlich werden wird, hat jeder Serial Entrepreneur seinen eigenen Weg gefunden. Und es kann durchaus sein, dass dieser individuelle Weg den Wegen anderer Serial Entrepreneure entgegensteht oder sogar widerspricht – wie auch sonst im Leben können mehrere Wege zum Ziel führen. Die Schilderungen sollen Ihnen als Anregungen dienen – dies gilt ebenso für die Erläuterungen und die Tipps am Ende eines jeden Kapitels.

Was alle Serial Entrepreneure verbindet, ist einerseits ihr unbedingter Wille, als Unternehmer tätig zu sein, andererseits die Absicht, neue Geschäftsideen in Produkte und Leistungsangebote umzusetzen, die den Kunden auch nutzen. Diese Ziele verfolgen sie beständig – und wenn sie hierfür ihr bestehendes Unternehmen aufgeben und ein neues Unternehmen gründen müssen. Das Aufgeben eines Unternehmens bedeutet jedoch nicht zwingend ein Scheitern: In vielen Fällen verkauft ein Serial Entrepreneur sein Unternehmen. Der Käufer übernimmt das Produkt bzw. die Innovation, entwickelt diese weiter und bringt sie auf den Markt. Somit entstehen ein wirtschaftlicher Nutzen und ein Mehrwert für den Kunden.

Serial Entrepreneure nutzen ihre Unternehmen als Instrumente zum Lernen. Sie testen, was möglich ist und was nicht. Oft benötigen sie auch eine komplett neue Organisation, um eine neue Idee umzusetzen, gerade wenn es sich um disruptive Innovationen handelt. Da Serial Entrepreneure in der Regel Erfolge und Misserfolge erlebt haben, ist ihr Erfahrungsschatz meist sehr groß. Und von diesem Erfahrungsschatz können Unternehmensgründer, Inhaber von Unternehmen und auch Konzerne profitieren.

Das vorliegende Fachbuch basiert auf meiner Dissertation zu Serial Entrepreneuren aus Hightechbranchen. Mittels theoretischer und empirischer Analyse habe ich das Wirken von Serial Entrepreneuren aus der Biotechnologiebranche und der IT-Branche, aus dem produzierenden Gewerbe und den Ingenieurdienstleistungen untersucht. Hierbei habe ich das Human- und Sozialkapital und dessen Wandel im Laufe der Unternehmensgründungen sowie die Prozesse des unternehmerischen Lernens betrachtet. Weiterhin analysiert wurden die Motive für Serial Entrepreneurship und die Ausstiegsgründe aus den Unternehmen.

Von Anfang an war es meine Absicht, diese Erkenntnisse auch praxisnah aufzubereiten. Natürlich ist in diesem Buch die Ausrichtung eine andere: Die Interviews werden deshalb im Volltext wiedergegeben. Jedem Serial Entrepreneur wird ein Key Learning zugeordnet, das sich im Rahmen der Interviews herauskristallisierte. Dieses Key Learning und weitere Learnings werden mit

Erläuterungen meinerseits versehen. Diese Erläuterungen habe ich durch eigene Erfahrungen sowie Erkenntnisse und Modelle aus Praxis und Wissenschaft ergänzt. Diese sind Empfehlungen von mir und sollen weitere Hinweise zur praktischen Umsetzung der Key Learnings bieten. An jedem Kapitelende finden sich Tipps für Unternehmer und – um gründungsrelevante Themen ergänzt – für Unternehmensgründer. Die angegebenen Literaturquellen bieten eine Mischung aus Praxis und Wissenschaft. Meine Intention ist es, beide Bereiche miteinander zu verzahnen.

Mein Dank gilt den Serial Entrepreneuren, die ihre Erkenntnisse mit mir geteilt und sich viel Zeit für die Interviews genommen haben. Ebenso danke ich Frau Eva-Maria Fürst und Frau Ann-Kristin Wiegmann von Springer-Gabler für die sehr gute Betreuung und die konstruktiven Anregungen und Kommentare.

Ich hoffe, das Fachbuch kann Ihnen Hilfestellungen bei der Umsetzung Ihrer Unternehmensgründung oder Ihrem Innovationsprojekt geben. Für Anregungen bin ich jederzeit offen und freue mich über eine Kontaktaufnahme.

Geretshausen-Weil, Deutschland Monika Nörr

Inhaltsverzeichnis

Die Autorin

Dr. Monika Nörr studierte Biotechnologie, Wirtschaftsingenieurwesen und allgemeines Management. Sie promovierte zum Thema „Serial Entrepreneure in Hightechbranchen“ und sprach hierbei mit zahlreichen Mehrfachgründern über ihre Erfahrungen und Strategien bei der Unternehmensgründung, dem Unternehmensaufbau und dem Unternehmensverkauf. Heute berät sie technologieorientierte und innovative Unternehmen sowie Start-ups bei der Identifizierung, Schaffung und Vermarktung von innovativen Produkten, Technologien und Dienstleistungen. Zuvor arbeitete sie viele Jahre als Beraterin und Referatsleiterin in den Bereichen Innovation, Fördermittel, Technologietransfer, CE-Kennzeichnung und Normung bei der Industrie- und Handelskammer für München und Oberbayern. Zudem hatte sie Positionen im Produktmanagement, im Marketing und in den Public Relations in anderen Unternehmen inne.

Abkürzungsverzeichnis

App	Application Software (i. d. R. für mobile Anwendungen)
bzw.	beziehungsweise
CEO	Chief Executive Officer
CFO	Chief Financial Officer
CTO	Chief Technical Officer
d. h.	das heißt
DAX	Deutscher Aktienindex
DNA	Desoxyribonukleinsäure
ggf.	gegebenenfalls
IHK	Industrie- und Handelskammer
IPO	Initial Public Offering (Börsengang)
IT	Informationstechnik
M&A	Mergers & Acquisitions (Sammelbegriff für Transaktionen im Unternehmensbereich, z. B. Unternehmenskäufe)
MBA	Master of Business Administration
MBO	Management-Buy-out
Mio.	Million
MIT	Massachusetts Institute of Technology
Mrd.	Milliarde
s.	siehe
sog.	sogenannt
u. a.	unter anderem
USA	United States of America (Vereinigte Staaten von Amerika)
v. a.	vor allem
z. B.	zum Beispiel
ZEW	Zentrum für Europäische Wirtschaftsforschung
ZVEI	Zentralverband Elektrotechnik- und Elektronikindustrie

Abbildungsverzeichnis

Tabellenverzeichnis

1 Unternehmenskultur: Eine unternehmerisch denkende Organisation schaffen

Sobald wir sagen: ‚Wir sind super, es läuft alles', dann stehen wir.

Zusammenfassung
Werte sind die Basis und ein grundlegender Teil einer jeden Unternehmenskultur. Sie sind umso wichtiger, je komplexer die Geschäftsfelder des Unternehmens, je vielfältiger die Unternehmensstruktur und je unsicherer die Märkte sind. Innovative Unternehmen, internationale Unternehmen, schnell wachsende Unternehmen, Start-ups – gerade diese Organisationen benötigen gemeinsame Werte, die sie als Band zusammenhalten. Der Serial Entrepreneur Martin Toth war viele Jahre in Anstellung tätig, bevor er seine unternehmerischen Absichten in die Tat umsetzte und sein erstes Unternehmen gründete. Inzwischen baut er sein drittes Unternehmen auf. Es sind seine Werte, die ihm helfen, unternehmerisch denkende und innovative Organisationen zu schaffen. Im persönlichen Gespräch berichtet er von seinem Werdegang als Mehrfachgründer und seinen Erfahrungen und Learnings.

Martin Toth, Geschäftsführer, Vispiron Digital
Martin Toth (s. Abb. 1.1) studierte Betriebswirtschaftslehre mit dem Schwerpunkt Informatik an der Universität Mainz. Anschließend war er 14 Jahre lang bei der SAP AG in verschiedenen leitenden Positionen tätig, u. a. in der Beratung, im Projektmanagement und im Produktmanagement für Mode- und Sportlösungen. Toth verbrachte zudem einige Jahre bei der SAP in den USA und konnte dort ganz andere Kulturkreise kennenlernen.

M. Nörr, *Key Learnings aus dem Serial Entrepreneurship*,
DOI 10.1007/978-3-658-13084-8_1

Abb. 1.1 Serial Entrepreneur Martin Toth. (© Martin Toth)

Toth ist Mitgründer von drei Unternehmen in der IT-Branche und Mobilebranche.

Im Jahr 2005 gründete Toth zusammen mit drei Partnern das SAP-Beratungshaus attune Consulting in Europa, Australien, Amerika und Sri Lanka. attune bietet Technologieberatung für die Mode- und Sportbranche im SAP-Umfeld. Toth war Ideengeber, CEO der Gesamtfirma, Mitglied des Aufsichtsrats und zudem für das Europageschäft zuständig. attune bestand von Anfang an aus neun Firmen und startete mit 50 Entwicklern und Beratern. Die Firma wuchs sehr stark und hatte nach dreieinhalb Jahren bereits 240 Mitarbeiter. Im Jahr 2010 stieg Toth aus dem Unternehmen aus.

Sein zweites Unternehmen, die everywhere GmbH, gründete Toth mit Julian Dawo im Jahr 2011 in München. Toth ist Geschäftsführer, das Unternehmen hat zehn Mitarbeiter. Die Idee, die hinter everywhere steht, ist, den Zugriff auf Unternehmensdaten von jedem Ort aus zu ermöglichen. Hierzu werden Business Apps für Mode, Sport, Handel und Konsumgüterunternehmen entwickelt, wobei diese Apps vielfach in die bestehenden SAP-Lösungen integriert werden. Zudem berät everywhere Unternehmen zu mobilen Strategien und E-Commerce-Lösungen. Im September 2015 verkaufte Toth die everywhere an die Münchner Firma Vispiron Engineering GmbH und trat der Geschäftsführung bei.

Heute beschäftigt sich Toth zusätzlich mit seiner neuen Firma DGT Danowsky, Gruhn, Toth & Partner GbR mit dem Kauf und der Zusammenstellung von IT-Unternehmen zu einer größeren Unternehmensgruppe. Hierzu verbindet DGT mittelständische IT-Unternehmer mit Investoren (Quelle: Nörr 2015).

1.1 Gespräch mit Serial Entrepreneur Martin Toth

▶ Wie und warum sind Sie zum Unternehmer geworden?

Nach meinem BWL-Studium mit dem Schwerpunkt Informatik war ich 14 Jahre lang bei der SAP in Deutschland und in den USA tätig. Anfangs war die SAP noch recht klein. Schon sehr früh konnte ich Verantwortung in der Beratung und der Projektleitung übernehmen und habe mich bald in Richtung Produktmanagement weiterentwickelt, vorwiegend für den Sport- und Modebereich. Im Großen und Ganzen konnte ich wie ein selbstständiger Entrepreneur arbeiten. Im Laufe der Zeit ist die SAP sehr stark gewachsen. Ich hatte eine Managementfunktion inne und füllte vor allem Excel-Sheets aus. Meine eigenen Gestaltungsmöglichkeiten waren gering. Ich habe erkannt, dass ich etwas bewegen will, dass ich spüren will, was ich tue. Ich kann, glaube ich, ganz gut mit Leuten umgehen, die arbeiten gerne mit mir. Schon immer war ich ein Sportler – auch im Business. Ich bin fokussiert, Kunden gewinnen und das Team mitreißen, das kann ich gut.

Daher kam der Entschluss, ein eigenes Unternehmen zu gründen. Das war die attune, eine Zusammenstellung von mehreren Firmen aus Ländern wie Sri Lanka, Australien, Amerika und verschiedenen europäischen Staaten. Wir haben mit 50 Personen angefangen, davon 35 Entwickler und 15 Berater. Wir waren ingesamt vier Geschäftsführer, ich war als CEO zusätzlich für die übergreifende Unternehmenskoordination zuständig. Die Idee stammte von mir, ich konnte auf eine Lösung aus dem SAP-Produktmanagement zurückgreifen. Geld musste ich nicht investieren, sondern ich habe mein Netzwerk eingebracht. Die anderen Geschäftsführer trugen mit ihren bereits vorhandenen Mitarbeitern zur Gründung bei. Letztendlich waren wir mit der Modeindustrie in dem gleichen Geschäftsfeld tätig, das ich vorher schon betreut hatte, nur selbstständig. Somit konnten wir sofort mit vorhandenen Kunden starten und haben bald große Firmen als weitere Kunden gewonnen. Wir sind in vier Jahren bis auf einen Umsatz von 35 Mio. US$ gewachsen. Für mich bedeutete das vor allem das Handling von Wachstum, ein nicht gerade einfaches Thema, vor allem wenn sehr viele verschiedene Kulturen zusammenkommen.

Im Jahr 2010 bin ich aus attune ausgestiegen, da ich die vergangenen zehn Jahre nur unterwegs war. Zudem wollte ich mich mit neuen Themen wie Mobility beschäftigen. Besonders der asiatische Teil von attune war mehr in Richtung SAP-Entwicklungen ausgerichtet. Wir hatten unterschiedliche Ansichten in der Geschäftsführung, wie das halt manchmal so ist. Wir haben uns geeinigt, dass ich nach einer gewissen Zeit aus der Firma aussteige.

▶ Sie sind mit attune sehr schnell gewachsen. Welche Rolle hat hier die Unternehmenskultur gespielt?

Die Unternehmenskultur war von Anfang an entscheidend. Dies begann schon mit meinen Mitgründern. Da wir alle aus dem SAP-Umfeld stammten, hatten wir die gleichen Werte, die uns der SAP-Gründer Dietmar Hopp vermittelt und stets selbst vorgelebt hat. Hierzu gehören Vertrauen, Ruhe, Verlässlichkeit, Entscheidungsfreiheit für die Mitarbeiter und das Versorgen der Mitarbeiter mit den bestmöglichen Arbeitsmitteln, sodass sie ihre Arbeit konzentriert und erfolgreich bewältigen können. Wir vier Unternehmensgründer hatten somit ein gemeinsames Band, das aus unseren Werten bestand. Dieses half uns, in einem stark wachsenden und internationalen Umfeld zur richtigen Zeit das Richtige zu tun.

Wir haben mit 50 Personen angefangen und nach dreieinhalb Jahren waren wir bei 240 Personen. Also ein wahnsinniges Wachstum. Wir haben dann entsprechende Positionen geschaffen, Businesspläne erstellt und qualifizierte Berater und Entwickler gesucht. Da wir damals die Einzigen waren, die sich im SAP-Umfeld im Modemarkt positioniert hatten, bekamen wir sehr viele Bewerbungen. Zudem konnten wir ein attraktives Gehalt bieten. Wir mussten gar nicht so viel Werbung machen, es war eher so ein kleiner Schneeballeffekt, der da passierte. Natürlich haben wir davon profitiert, dass gut ausgebildete junge Mitarbeiter aus den asiatischen Ländern in unserer Firma in Europa oder Amerika arbeiten wollten. Diese Vielfalt zu managen, war einerseits sehr spannend, andererseits aber auch sehr schwierig: Es war eine kontinuierliche Herausforderung, die unterschiedlichen Mentalitäten aus verschiedenen Kulturkreisen unter einen Hut zu bekommen.

▶ Warum haben Sie das zweite Unternehmen gegründet?

Ich wollte in die neuen Themen E-Commerce und Mobility rein und hier innovative Produkte entwickeln. Nachdem ich attune verlassen hatte, habe ich eine kleine Pause gemacht. Einer meiner Kunden, mit dem ich auch befreundet bin, hat mir bei Gelegenheit erzählt, dass er das Thema Mobility angehen möchte. Seine Verkäufer hätten zwar alle iPads, aber keine geeignete Oberfläche, um die Bestelldaten zu erfassen. Zudem greife jedes Land auf eine andere Lösung zurück.

Zu diesem Zeitpunkt hielt ich einige Vorlesungen an der Technischen Universität München und hatte somit Kontakt zu vielen Studenten. Einen dieser Studenten, den Julian Dawo, habe ich zu dem Kunden mitgenommen. Wir haben dort eine sehr gute Lösung entwickelt und danach zusammen die everywhere gegründet. Unsere Besonderheit ist, dass wir die Komplexität beherrschen: Wir kennen das Back-End der SAP, wir kennen die Middleware und auch die ganzen Front-End-Themen. Wir sorgen dafür, dass die internen Geschäftsprozesse eines Unternehmens durchgängig funktionieren und schaffen somit einen betriebswirtschaftlichen Mehrwert. Hierzu entwickeln wir beispielsweise Katalogprodukte oder Mobile Sales Engines für die Modeindustrie und andere Handelsunternehmen.

▶ Wie haben Sie von Anfang an sichergestellt, dass diese neue kleine Firma zu einer unternehmerisch denkenden Organisation wird?

Hier spielen mehrere Faktoren eine Rolle. Der erste entscheidende Punkt war die Auswahl meines Mitgründers. Dieser ist nicht nur in den Tiefen der IT-Themen drin, sondern versteht auch die betriebswirtschaftlichen Herausforderungen und kann gut mit Kunden umgehen. Wir haben von Anfang an sehr gut zusammengearbeitet. Bei einer innovativen Firma geht es ja auch um die Unternehmer an sich. Das müssen Personen sein, die nicht nur tolle Ideen haben und diese technisch gut umsetzen können, sondern es geht um Nachwuchsunternehmer, die fähig sind, eine Firma aufzubauen und weiterzuentwickeln. Das sind die wichtigen Leute der nächsten Generation.

Um dies zu prüfen, habe ich mich mit der Zeit etwas aus dem Tagesgeschäft herausgezogen. Weil ich einfach sehen wollte, wie mein Mitgründer diese Aufgaben alleine bewältigt. Dies ist auch ein sehr wichtiger Punkt: Man muss den Leuten Freiheiten geben. Man muss delegieren, in gewissem Sinne loslassen. Inzwischen habe ich gelernt, einfach zu sagen: Du machst das jetzt. Ansonsten besteht die Gefahr, dass man wirklich dieses Alphatier wird und alles nur noch nach dem eigenen Willen läuft. Das möchte ich nicht, ich bin es auch vom Typ her nicht. Aus meiner Sicht hemmt eine solche Verhaltensweise das Wachstum. Es gibt ja unzählige Firmen, die von einer starken Person leben. Die Grenze dieser Firma sind natürlich die Kapazitäten und die Fähigkeiten dieser einen Person. Ich versuche zumindest, das Ganze auf breitere Beine zu stellen. Das habe ich am Anfang nicht so gemacht. Jetzt erscheine ich manchmal gar nicht. Bei Meetings lasse ich die jungen Leute auch mal ganz alleine und sage: Ach, ich komme jetzt doch nicht, ich habe andere Termine. Dann sind sie ein bisschen nervös, aber sie machen das gut. Hier versuche ich einfach, mich selbst etwas mehr in den Hintergrund zu stellen.

Unsere Unternehmenskultur basiert im Großen und Ganzen wieder auf den Werten der SAP: Ruhe, Verlässlichkeit, Vertrauen, Entscheidungsfreiheit und Stärkung der Mitarbeiter, damit sie ein gutes Ergebnis abliefern können. Wir bieten flexible Arbeitszeiten und die Möglichkeit, im Homeoffice zu arbeiten. Wichtig ist mir, dass die Mitarbeiter die Fähigkeit zum Selbstmanagement und zur Priorisierung von Aufgaben haben. Ich möchte nicht einzelne Arbeitspakete verteilen und deren Erledigung kontrollieren. Zu den wesentlichen Eigenschaften gehören Kraft und Mut. Man muss wissen, was man nicht gerne tut. Da es sich bei wichtigen Dingen oft um unangenehme Themen handelt, muss man sich selbst eine Strategie zur deren Erledigung zurechtlegen. Meiner Meinung nach ist das in hohem Maße eine Charaktersache, es lässt sich nicht alles lernen.

Entscheidend für eine unternehmerisch denkende Organisation ist für mich auch die Einstellung gegenüber Kunden und der Umgang mit ihnen. Dies betrifft jeden Mitarbeiter meines Unternehmens. Für mich ist die Praxis ausschlaggebend: beim Kunden zu sitzen, zuzuhören und Fragen zu stellen. Zu verstehen, welches Problem der Kunde hat, und eine Lösung zu finden. Das ist das A und O. Dieses Fragen und Verstehen darf sich nicht nur auf den Projektanfang konzentrieren. Gerade nach Meilensteinen und nach dem Abschluss eines Projekts ist das Feedback vom Kunden außerordentlich wichtig. Ich gehe zu jedem Kunden hin und frage: Was lief gut? Was können wir das nächste Mal anders oder besser machen? Wir wollen lernen. Dieses Öffnen des Visiers tut uns gut, und das möchte ich auch beibehalten. Jeder soll seine Stärken und Schwächen einschätzen können. Auch wenn wir größer werden, müssen wir stets eine gute Position finden und wissen, was noch bei uns zu tun ist, was uns noch fehlt. Das Feedback von Kunden ist natürlich auch Vertrauenssache. Wir sind in einer Branche mit unmittelbarem Kundenkontakt tätig. Unsere Produkte müssen in die Unternehmensumgebung des Kunden integriert sein, es ist eine hohe Komplexität vorhanden. Deswegen ist dieses People Business so wichtig. Unsere Leute, die diese Integration übernehmen, müssen vom Menschlichen her integer sein. Sie müssen verstehen, wo die Probleme liegen. Wir müssen ganz klar kommunizieren und auch protokollieren, was wir tun.

Feedback anzunehmen ist nicht immer leicht, gerade wenn es sich um kritische Punkte handelt. Man neigt reflexartig dazu, die Augen zu schließen, wenn ein Kunde sagt: Schau her, das fand ich nicht so gut. Man rechtfertigt sich automatisch. Aber ich glaube, wenn die Dienstleister und die Start-ups ihre Kunden fragen, was sie anders machen können – also dieser erste Schritt, diese Frage schon – kann dies zu einer ganz anderen, langfristigen Zusammenarbeit führen. Das machen so wenige. Also das ist wirklich eine gute „Waffe“, die wir einsetzen, ich kann es nur jedem empfehlen. Dieses Coachingkonzept ist in allen Lebenslagen gut.

Die Feedbackphilosophie nutzen wir auch in unserer internen Kommunikation. Die Methode habe ich bei der SAP gelernt, dieses permanente Abholen, das sofortige Feedbackgeben nach wichtigen Meetings und Terminen. Natürlich ist das nicht immer einfach. Oft neigt man dazu zu sagen: Ja, ja, das passt schon alles. Aber Dinge, die man selbst nicht für richtig hält, diese muss man fair und auf den Punkt kommunizieren. Das ist ein Charakteristikum bei uns in der Firma, das mittlerweile auch die jungen Leute sehr gut verstehen. Im Endeffekt geht es einfach darum, dass man weiß, was der andere von einem hält, welche Stärken und Schwächen man aus seiner Sicht hat.

Eine gewisse Offenheit und Mut sind ebenfalls Eigenschaften, die meiner Meinung nach eine unternehmerisch denkende Organisation ausmachen. Hier sind die USA für mich weiterhin ein Vorbild. Als ich damals mit 29 Jahren nach Boston und New York ging, hatte ich gewisse Bedenken, wurde aber schnell von der amerikanischen Denkweise überzeugt. Mir ist es unheimlich schwergefallen, wieder nach Deutschland zurückzukommen. Dieses Negative und Langsame hindern mich persönlich total. Somit versuche ich, diesen „Schuss Amerika“ in mir zu erhalten – diese gänzliche Abwesenheit von Vorurteilen und den Mut, einfach etwas auszuprobieren und den ersten Schritt zu gehen.

Die USA sind ebenfalls ein Schrittmacher für mich, wenn es um Trends geht. Ich glaube, in ein paar Jahren ist nicht mehr so sehr das Thema Apps von Bedeutung, sondern die Mobility. Jedes Unternehmen wird mobile Geschäftsprozesse haben, die funktionieren und sicher sein müssen. Amerika ist uns hier zwei bis drei Jahre voraus, das sehe ich durch meine dortigen Kontakte. Ich hoffe, dass der deutsche Markt sich auch so langsam in diese Richtung entwickelt, dass die Notwendigkeit gesehen wird, sich anders aufzustellen. Aber oftmals klemmt es noch, und es dauert länger als in anderen Ländern.

Wir selbst halten unsere Augen offen für Innovationen und Trends. Einerseits müssen wir uns mit diesen „alten“ SAP-Themen beschäftigen und bauen über Wochen hinweg Geschäftsprozesse, die laufen müssen – da ist dann wenig Innovation zu spüren. Andererseits kommen fast täglich neue Themen wie etwa Google Glass herein. Auch hierfür nehmen wir uns Zeit, wir schaffen uns Freiräume, um zu überlegen, wie man diese neuen Themen für die Geschäftswelt umsetzen kann. Allerdings müssen wir immer aufpassen, dass wir nicht zu sehr in die eine oder die andere Ecke rutschen. Projektgeschäft und Innovation miteinander zu vereinbaren, das ist nicht immer leicht zu bewerkstelligen. Allerdings ist Innovation die „Königsklasse“: Innovationen kann man nicht erzwingen, sondern hierfür nur ein geeignetes Umfeld schaffen. Glücklicherweise ist für die heutigen Absolventen die Selbstständigkeit oder die Arbeit in einem innovativen Start-up eine attraktive Option.

Ein persönlicher Punkt von mir, der aber bestimmt auch viele andere Unternehmer betrifft, ist die Geschwindigkeit. Für mich ist es sehr wichtig, mich immer wieder hinsichtlich der Geschwindigkeit zu prüfen, da ich dazu neige, viel Gas zu geben und sehr ungeduldig zu sein. Ich habe Ideen, die ich schnell umsetzen möchte. Hier besteht immer die Gefahr, dass man einige verliert, seien es Gesellschafter oder Mitarbeiter. Manchmal muss ich mich selbst bremsen und fragen: Sind noch alle dabei? Sind alle in der gleichen Geschwindigkeit unterwegs wie ich? Denn die Geschwindigkeit gefällt mir unheimlich gut und macht auch süchtig. Inzwischen habe ich gelernt, mir selbst Auszeiten zu nehmen, denn sonst arbeite ich 24 h an einem Thema. Das geht zu stark an die Substanz. Hier muss ich auch als Chef mit gutem Vorbild vorangehen.

▶ Sie haben die everywhere vor kurzer Zeit an die Münchner Firma Vispiron verkauft. Was waren die Gründe hierfür und mit was beschäftigen Sie sich heute?

Herrn Roughani von Vispiron kenne ich schon lange. Uns verbinden die gleichen Werte. Mein Unternehmen ergänzt das Unternehmen von Herrn Roughani um Kompetenzen in der Digitalisierung. Gerade im Automobilbereich ist dieses Thema von hoher Bedeutung. Der Großteil meiner Zeit fließt weiterhin in die Aufgabe, mobile Lösungen zu entwickeln.

Zudem habe ich mit zwei Geschäftspartnern, die ebenfalls Erfahrung im Aufbau und Verkauf von Unternehmen haben, mit der DGT GbR eine Firma gegründet, die sich mit M&A von kleinen und mittelständischen IT-Firmen beschäftigt. Wir wirken hier als Bindeglied zwischen Investoren und Unternehmern. In unserem Modell bündeln wir die einzelnen Firmen in einer Art Holding, die unternehmerischen Strukturen der Einzelfirmen bleiben erhalten. Ziel ist die Marktführerschaft in bestimmten Themenbereichen. Mir macht es einfach viel Spaß, nach dem Motto „Buy and Build" attraktive Firmen zu suchen und zusammenzustellen.

▶ Was treibt Sie an? Was bedeutet für Sie Erfolg?

Für mich sind zwei Punkte wichtig: Erstens, wenn die Leute sehen, wir haben hier etwas Gutes gemacht, also wenn sie selbst mit ihrer Tätigkeit und ihrem Produkt zufrieden sind. Und zweitens, wenn der Kunde sagt: Mensch, klasse.

Doch auch bei erfolgreichen Projekten gibt es noch Verbesserungspotenziale. Diese müssen wir heben und aus unseren Projekten lernen. Denn sobald wir uns mit dem Erreichten zufriedengeben, bleiben wir stehen. Das darf gerade in unserer Branche nicht passieren. Sonst überholen uns andere.

1.2 Was Unternehmer von Martin Toth lernen können

Martin Toth ist ein Serial Entrepreneur, der seinen beruflichen Background durch seine langjährige Anstellung bei der SAP erlangt hat. Einen großen Teil seines Wissens und seiner Netzwerke gewann er durch diese Tätigkeit. Bei vielen Entrepreneuren stammen die vor der ersten Unternehmensgründung geknüpften Kontakte aus einer Anstellung (Lechner und Dowling 2003).

Auch seine Wertvorstellungen übernahm Toth aus der Anstellung, da ihm die Werte des Gründers von SAP, Dietmar Hopp, sehr zusagten: Integrität, Vertrauen, Ruhe und Verlässlichkeit. Zudem bot Hopp seinen Mitarbeitern eine qualifizierte Ausbildung, stellte die bestmöglichen Arbeitsmittel bereit und ermöglichte so konzentriertes und erfolgreiches Arbeiten. Ganz entscheidend war, dass Hopp seine Werte selbst täglich vorlebte. So erlangte er bei seinen Mitarbeitern eine hohe Glaubwürdigkeit. Diese Werte sind für Toth die Grundlage seiner eigenen Unternehmen. Sie bilden das Band, das ihn, seine Mitgründer und seine Mitarbeiter zusammenhält. Nachfolgend werden die Erkenntnisse von Toth beschrieben und weiter ausgeführt.

1.2.1 Werte als Fundament etablieren

Eine Unternehmenskultur besteht aus allen in einer Organisation entstandenen und heute wirksamen Verhaltensnormen, Wertvorstellungen, Regeln und Überzeugungen. Die Unternehmenskultur kann auch als die DNA eines Unternehmens bezeichnet werden. Sie umfasst all das, was Identifikation und Loyalität schafft. Somit kann sie einen Wettbewerbsvorteil darstellen, der nur schwer von anderen zu kopieren ist.

Eine Unternehmenskultur kann Vertrauen stiften, wenn sich das Unternehmen in einem Umfeld mit hoher Unsicherheit und großen Veränderungen bewegt. Dies ist bei den meisten Start-ups der Fall, da sie noch keine oder kaum Kunden und Produkte aufweisen. Aber auch Unternehmen, die sich neue Geschäftsfelder erschließen möchten, stehen vor dem Problem, dass sie keine Erfahrungen in diesem Bereich besitzen und die benötigten Markt- und Kundendaten vielfach gar nicht vorhanden sind. Und selbst wenn ein Unternehmen sich derzeit noch im mehr oder weniger gewohnten Umfeld bewegt, herrscht in der heutigen Welt aufgrund der zunehmenden Komplexität große Unsicherheit. Nach Fredmund Malik befinden wir uns in Zeiten des Umbruchs, wie wir sie bisher noch nicht erlebt haben (Malik 2015). Der ehemalige Börsenhändler Nassim Taleb behauptet, dass die Welt vom Extremen, Unbekannten und sehr Unwahrscheinlichen beherrscht wird. Er schließt daraus, dass sich die Zukunft immer weniger voraussagen lassen wird (Taleb 2010). In solchen Situationen ist es für den Unternehmensgründer, Unternehmensinhaber oder Manager hilfreich, wenn er sich und seiner Organisation Leitlinien schafft, die zumindest eine gewisse Orientierung bieten.

Bei einem Start-up haben die Unternehmensgründer weitgehende Freiheiten, was die Gestaltung der Unternehmenskultur betrifft: Sie können von Anfang an die Kultur etablieren, die ihnen zusagt und für die Erfüllung der Kundenbedürfnisse förderlich ist. Nach Krueger haben Unternehmer in der Regel Werte und Glaubenssätze, in denen das unternehmerische Denken tief verankert ist. Diese verändern sich mit zunehmender Erfahrung des Entrepreneurs und entwickeln sich weiter (Krueger 2007).

Bei Toths erstem Unternehmen, attune, stammten die Mitgründer ebenfalls aus dem SAP-Umfeld. Somit waren von Anfang an die gleichen Werte vorhanden. Sie ermöglichten eine gute Zusammenarbeit über die großen räumlichen Distanzen und verschiedenen Kulturkreise hinweg. Aufgrund Toths Erfahrungen in der Unternehmensführung, seines Wissens und seines großen internationalen Kunden- und Branchennetzwerks wuchs die attune sehr schnell. Dies bestätigt die Wissenschaft: Die Branchenerfahrung eines Unternehmensgründers wirkt sich positiv auf das Überleben und das Wachstum seines Unternehmens aus (Brüderl et al. 2007). Umso ähnlicher sich die Unternehmen sind, umso stärker fördern das Wissen und die Netzwerke des Unternehmensgründers den anfänglichen Erfolg des Unternehmens (Toft-Kehler et al. 2014).

Bei der Gründung seines zweiten Unternehmens, everywhere, ging Toth wieder gemäß seiner Werte vor: Er suchte sich einen Mitgründer aus, der diese Werte teilte und dem er diese auch noch vermitteln konnte, da es sich um eine sehr junge Person handelt. Die Mitarbeiter haben eine große Entscheidungsfreiheit bei ihren Aufgaben. Sie erhalten so gute Arbeitsmittel, dass sie ihre Arbeit effektiv und effizient bewältigen können. Toth und sein Mitgründer stellen stets Mitarbeiter ein, denen sie vertrauen, die Prioritäten setzen können und auch unangenehme Dinge anpacken. Im Laufe der Zeit hat Toth sich immer weiter in den Hintergrund gestellt und das Unternehmen unabhängiger von seiner Person gestaltet. Seiner Meinung nach hemmt die Ausrichtung des Unternehmens auf eine einzige Person das Wachstum.

Dieses Loslassen erleichterte Toth auch den Verkauf der everywhere an die Vispiron (s. Abschn. 7.1 Gespräch mit Serial Entrepreneur Amir Roughani). Für ihn waren wieder seine Werte entscheidend, die er mit dem Käufer, Amir

Roughani von Vispiron, teilt. Bei einem Zusammenschluss können nur dann Synergien auftreten, wenn die Wertebasis passt und beide Inhaber gemeinsame Vorstellungen vom Sinn und Zweck sowie der Führung eines Unternehmens haben. Solche Synergien liegen beispielsweise darin, dass die Mitarbeiter ihre Kompetenzen vernetzen und auf diese Weise neue Produkte schaffen. Oder auch, dass mithilfe der Kunden des einen Unternehmens und der Produkte des anderen Unternehmens neue Lösungen für diese Kunden geschaffen werden: So möchten Toth und Roughani durch den Zusammenschluss die Kompetenzen von Vispiron stärken, um die Prozesse für die Automobilindustrie weiter zu digitalisieren. Das Thema „Industrie 4.0" ist ja derzeit in aller Munde – und soll dazu führen, dass Geschäftsprozesse auch in der Produktion digital ausgerichtet sind. Hierfür werden Produktions- und Logistikprozesse zwischen Unternehmen intelligent miteinander verzahnt, um die Produktion noch effizienter und flexibler zu gestalten. Ziel ist es auch, dass Unternehmen leichter als bisher maßgeschneiderte Produkte nach individuellen Kundenwünschen produzieren können (BMWi 2016). Doch nicht nur in der Automobilbranche und der Industrie bieten sich Chancen für die Digitalisierung: Nach einer Studie der Boston Consulting Group (BCG) wird vor allem im Gesundheitswesen, bei Finanzdienstleistungen, im Handel, im Dienstleistungsbereich und im Baugewerbe ein deutlicher Nachholbedarf gesehen. Das sind Branchen, in denen zukünftig ein besonders hoher Einfluss der Digitalisierung erwartet wird (Gumsheimer et al. 2015).

1.2.2 Unternehmenskultur leben

Eine Unternehmenskultur äußert sich sowohl nach innen als auch nach außen. Eine wertschätzende Unternehmenskultur erleichtert die Führung eines Unternehmens und setzt bei den Mitarbeitern den Ehrgeiz frei, zur Erreichung der Unternehmensziele beizutragen. Sie kann die Zusammenarbeit und die Initiative, Neues zu entwickeln, fördern. Allerdings passt nicht jeder Mitarbeiter in jede Unternehmenskultur. Toth sieht es so, dass viele Eigenschaften in der Persönlichkeit eines Menschen liegen und nicht gelernt werden können. Für ihn sind dies Charaktereigenschaften wie Integrität, Mut, Kraft und Offenheit. Seine Unternehmen benötigen Personen, die diese Charaktereigenschaften aufweisen. Andere Tätigkeiten sind erlernbar, beispielsweise wie man Prioritäten setzt oder unangenehme Aufgaben leichter bewältigt.

Nach außen wirkt die Unternehmenskultur auf alle Stakeholder ein, also auf alle Personen, die mit dem Unternehmen zu tun haben bzw. mit diesem in

Berührung kommen. Dies sind Kunden, Lieferanten, Netzwerkpartner oder auch die Gesellschaft. Wie das Interview zeigt, hält Toth gerade die Einstellung gegenüber den Kunden für besonders wichtig. Seine Unternehmen erbringen Dienstleistungen gegenüber ihren Kunden, es bestehen also vielfältige Kontakte zwischen Mitarbeitern und Kunden. Für Toth ist es wichtig zuzuhören, zu verstehen, eine Lösung zu bieten – und zwar in dieser Reihenfolge. Der amerikanische Unternehmensberater Stephen Covey bezeichnet dies als das Prinzip „erst verstehen, dann verstanden werden“: Bevor man Probleme bewertet und Lösungen sucht, sollte man sich bemühen, die Probleme auch wirklich zu verstehen. Erst danach darf man seine eigenen Vorschläge einbringen (Covey 2014).

Ebenso entscheidend für Toth ist das Feedback nach einer Zusammenarbeit: Er fragt seine Kunden stets, wie sie diese Zusammenarbeit empfunden haben und was man ändern oder verbessern könnte. Toth sieht gerade in diesen Fragen eine Chance für Start-ups, Kundenvertrauen zu gewinnen und die Kunden längerfristig an sich zu binden. Hier kommen wieder die Werte ins Spiel, die sich in der direkten Interaktion mit dem Kunden äußern.

Eine Unternehmenskultur darf sich allerdings nicht auf eine schöne Außendarstellung im Internet oder in Hochglanzbroschüren beschränken: Sie muss im Alltag umgesetzt werden und sich in möglichst jeder Handlung wiederfinden. So sind Menschen in der Regel auch sehr sensibel, was die Glaubwürdigkeit der Werte eines Unternehmens betrifft. Sie haben ein untrügliches Gefühl dafür, wenn Werte wie Fairness, Offenheit oder Fehlertoleranz zwar von der Unternehmensleitung verkündet, aber nicht gelebt werden. Hier reichen oft schon zwei oder drei Beispiele aus, um die Glaubwürdigkeit der gesamten Unternehmenskultur zu unterminieren. Dies führt dann leicht zum Gegenteil des Gewollten – wenn sich die Unternehmer bzw. Führungskräfte nicht fair, offen und fehlertolerant verhalten, werden die Mitarbeiter dies erst recht nicht tun und entsprechende Gegenmaßnahmen und Verhaltensweisen entwickeln. Oder sie werden den Werten gegenüber zynisch und betrachten sie als etwas Negatives, Nicht-Verfolgenswertes.

1.2.3 Basis für eine Innovationskultur legen

Die IT-Branche ist durch kurze Innovationszyklen von drei bis fünf Jahren geprägt, bei den Internetunternehmen betragen die Entwicklungszyklen teilweise nur wenige Wochen. Dadurch entstehen hohe Forschungs- und Entwicklungskosten sowie der ständige Druck, möglichst schnell marktfähige Produkte zu entwickeln (Bitkom 2014). Eine Kultur, die offen für Veränderungen ist und Innovationen fördert, kann hier hilfreich sein.

Eine Innovationskultur ist keine eigenständige Kultur, sondern ist in die Unternehmenskultur eingebettet. Sie besteht aus der Gesamtheit der Normen, Wertvorstellungen und Denkhaltungen, die das Verhalten aller am Innovationsgeschehen beteiligten Personen präsentiert. Die Innovationskultur ist somit eine „Querschnittskultur". Sie betrifft alle Mitarbeiter eines Unternehmens, nicht nur die Abteilung Forschung und Entwicklung (Jaworski und Zurlino 2007).

Toth bezeichnet Innovation als die „Königsklasse". Innovationen können seiner Meinung nach nicht erzwungen werden, sondern finden ihre Basis in einer unternehmerisch denkenden Organisation. Er sieht die USA als Vorreiter und Trendsetter: Dort geht man seiner Meinung nach ganz anders mit neuen Themen um, indem man einfach den ersten Schritt tut und einen Versuch wagt. Diesen „Schuss Amerika" bewahrt er für sich weiterhin, obwohl er schon wieder viele Jahre in Deutschland lebt. Voraussetzung sind die Bereitschaft, mit offenen Augen tätig zu sein, und eine gewisse Fehlertoleranz. Dies ist wohl auch ein Grund, warum weltweit führende Unternehmen wie Google, Amazon und Microsoft in den USA entstanden sind.

Gassmann und Friesike gehen sogar so weit zu behaupten, dass Unternehmen, die wiederholt Innovationen entwickeln, sich vor allem durch ihre Kultur von anderen Unternehmen unterscheiden. Nicht die Zusammensetzung des Teams sei ausschlaggebend, sondern die Umgebung und die Art der Führung. Ihrer Meinung nach wird Innovationskultur durch folgende Punkte verschlechtert oder kaputt gemacht: Emotionslosigkeit, mangelnde Fehlertoleranz, starkes Machtgefälle innerhalb des Unternehmens, geringe Kommunikation, geschlossene Räume und zu starkes Controlling (Gassmann und Friesike 2012).

1.2.4 Unternehmenskultur weiterentwickeln

Eine Unternehmenskultur sollte einerseits eine stabile Basis bieten. Sie sollte im Unternehmensalltag eine Entscheidungsgrundlage bieten und helfen, Prioritäten zu setzen. Andererseits muss sie sich an geänderte Markt- und Umfeldbedingungen anpassen und stetig weiterentwickeln. Die „kontinuierliche Verbesserung", wie sie ursprünglich aus dem Qualitätsmanagement bekannt ist, sollte auch auf die Unternehmenskultur angewendet werden.

Die Unternehmenskultur kann sich hemmend auswirken, wenn ein Unternehmen beispielsweise in ein neues Geschäftsfeld eintreten möchte. Gerade größere

Unternehmen haben eine über viele Jahre gewachsene Unternehmenskultur, gefestigte Strukturen, detaillierte Geschäftsprozesse und für ihr Geschäftsfeld kompetente Spezialisten. Sie kennen sich in ihrem etablierten Geschäftsfeld sehr gut aus, haben hohe Kernkompetenzen in ihren Technologien und viel Erfahrung in den bekannten Märkten. Ihre Kunden schätzen sie aufgrund ihrer Zuverlässigkeit und Berechenbarkeit.

Will sich ein solches Unternehmen in ein neues Geschäftsfeld bewegen, stößt es auf zahlreiche Schwierigkeiten: Die neuen Technologien müssen erst entwickelt werden, die Kunden und Märkte sind unbekannt, die Unternehmensstrukturen lassen keine Flexibilität zu, die Unternehmenskultur fördert keine Innovationen und toleriert vielfach keine Fehlschläge. Eine Führungskraft, die das neue Geschäftsfeld vorantreibt, gefährdet unter Umständen ihre Karriere, sollte dieser Versuch misslingen. Eine Person, die Kompetenzen für das neue Geschäftsfeld mitbringen könnte, wird gar nicht eingestellt, da sie nicht den durchgängigen Lebenslauf vorweisen kann, den das Unternehmen sich vorstellt. Und selbst wenn sie eingestellt würde, verlässt ein solcher Mitarbeiter das Unternehmen schnell wieder, wenn er merkt, dass er mit seiner Art und Weise zu denken und zu arbeiten keinen Anklang findet. Eine wichtige Maßnahme wäre es nun, die Unternehmenskultur zu ändern (s. Abschn. 4.1 Gespräch mit Serial Entrepreneur Stefan Nardi-Hiebl). Doch das dauert sehr lange und geht oft über den Zeitraum hinaus, den eine Führungskraft auf einer Position verbringt.

Nach dem amerikanischen Wissenschaftler und Berater Clayton Christensen bestimmen drei Faktoren, was ein Unternehmen kann oder auch nicht: Ressourcen, Prozesse und Werte. Der Zugang zu Ressourcen wie Mitarbeitern, Technologien, Informationen und finanziellen Mitteln ist ein wichtiger Erfolgsfaktor. Ob diese Ressourcen sich aber zu Fähigkeiten des Unternehmens entwickeln, auf dem Markt erfolgreiche Produkte zu schaffen, hängt von den Prozessen und Werten des Unternehmens ab. In der Anfangsphase eines Unternehmens sind diese Faktoren noch weitgehend von den Werten und Handlungen der Gründer abhängig. Im Laufe der Zeit verfestigen sie diese jedoch in einer Unternehmenskultur, die auf Prozessen und Werten basiert, welche in der Vergangenheit erfolgreich waren. Aus diesem Grund ist eine bestehende Unternehmenskultur auch so schwer zu ändern (Christensen et al. 2013).

Um diesen erheblichen Zeit- und Kraftaufwand zu mindern, sollte eine Unternehmenskultur stetig weiterentwickelt werden. Um stets nahe am Markt agieren zu können, empfiehlt es sich, die Kunden in die Unternehmenskultur einzubeziehen. Dieses Ausrichten am Kunden bringt ein Unternehmen dazu, dass alle am gleichen Strang ziehen.

1.2.5 Tipps für Unternehmer und Unternehmensgründer

Tipps für Unternehmer

- Die Unternehmenskultur bildet die Grundlage für die Schaffung einer unternehmerisch denkenden Organisation.
- Die Unternehmenskultur verbindet alle Mitarbeiter eines Unternehmens. Sie ist besonders wichtig, wenn sich das Unternehmen in einem unsicheren Umfeld bewegt, stark wächst, eine hohe Internationalität aufweist oder in neue Geschäftsfelder eintreten möchte.
- Eine Unternehmenskultur bietet zwar die Basis, sollte jedoch auf keinen Fall starr sein, sondern sich mit den Kunden des Unternehmens weiterentwickeln.
- Die Unternehmenskultur muss auf gemeinsamen Werten basieren, die von der Unternehmensführung und den Mitarbeitern getragen werden können.
- Wichtige Werte für eine unternehmerisch denkende Organisation können Offenheit, Fehlertoleranz, Verlässlichkeit, Wertschätzung und Integrität sein.
- Werte müssen von der Führung vorgelebt werden. Nur so erhalten sie Glaubwürdigkeit.
- Die Unternehmenskultur sollte auch gegenüber den Stakeholdern – mit höchster Priorität gegenüber den Kunden – gelebt werden.
- Mitarbeiter sollten auch danach ausgewählt werden, ob sie zur Unternehmenskultur passen bzw. diese in ihre persönlichen Werte integrieren können.
- Große Unternehmen müssen meist zuallererst ihre Unternehmenskultur ändern, wenn sie in einem neuen Geschäftsfeld tätig werden wollen.

Weitere Tipps für Unternehmensgründer

- Die Unternehmensgründer prägen die Unternehmenskultur eines Start-ups.
- Das Gründerteam und die ersten Schlüsselmitarbeiter sollten die gleichen Werte teilen.

- Sollte es Absicht der Gründer sein, das Start-up nach einer gewissen Zeit zu verkaufen, sollte frühzeitig nach Partnern mit einer ähnlichen Unternehmenskultur Ausschau gehalten werden. So lassen sich Synergien schaffen.

Literatur

Bitkom Bundesverband Informationswirtschaft, Telekommunikation und neue Medien e. V. 2014. IT-Strategie. Digitale Agenda für Deutschland. Deutschland zum digitalen Wachstumsland entwickeln. Kostenloser Download unter https://www.bitkom.org/Presse/Anhaenge-an-PIs/2014/Maerz/BITKOM-IT-Strategie.pdf. Zugegriffen: 04. März 2016.

Brüderl, Josef, Peter Preisendörfer, und Rolf Ziegler. 2007. *Der Erfolg neugegründeter Betriebe. Eine empirische Studie zu den Chancen und Risiken von Unternehmensgründungen*, 3. Aufl. Berlin: Duncker & Humblot.

Bundesministerium für Wirtschaft und Energie (BMWi). 2016. Plattform Industrie 4.0. www.plattform-i40.de. Zugegriffen: 04. März 2016.

Christensen, Clayton M., Kurt Matzler, und Stephan Friedrich von den Eichen. 2013. *The Innovator's Dilemma. Warum etablierte Unternehmen den Wettbewerb um bahnbrechende Innovationen verlieren.* München: Vahlen.

Covey, Stephen R. 2014. *Die 7 Wege zur Effektivität*, 35. Aufl. Offenbach: Gabal.

Gassmann, Oliver, und Sascha Friesike. 2012. *33 Erfolgsprinzipien der Innovation*. München: Hanser.

Gumsheimer, Thomas, Martin Hecker, und Thomas Krüger. 2015. *Digital Germany today*. Düsseldorf: Boston Consulting Group.

Jaworski, Jürgen, und Frank Zurlino. 2007. *Innovationskultur: Vom Leidensdruck zur Leidenschaft. Wie Top-Unternehmen ihre Organisation mobilisieren*. Frankfurt a. M.: Campus.

Krueger, Norris F. 2007. What lies beneath? The experiential essence of entrepreneurial thinking. *Entrepreneurship Theory & Practice* 31 (1): 123–138.

Lechner, Christian, und Michael Dowling. 2003. Firm networks: external relationships as sources for the growth and competitiveness of entrepreneurial firms. *Entrepreneurship & Regional Development* 15 (1): 1–26.

Malik, Fredmund. 2015. *Navigieren in Zeiten des Umbruchs. Die Welt neu denken und gestalten*. Frankfurt a. M.: Campus.

Nörr, Monika. 2015. Analyse der Entwicklung von Serial Entrepreneurs aus Hightech-Branchen – mit einem Schwerpunkt auf dem Human- und Sozialkapital. Dissertation. Hamburg: Dr. Kovač.

Taleb, Nassim N. 2010. *Der schwarze Schwan. Die Macht höchst unwahrscheinlicher Ereignisse*. München: Deutscher Taschenbuch Verlag.

Toft-Kehler, Rasmus, Karl Wennberg, und Phillip H. Kim. 2014. Practice makes perfect: Entrepreneurial-experience curves and venture performance. *Journal of Business Venturing* 29 (4): 453–470.

2 Strategische Unternehmensentwicklung: Die Idee zu einem innovativen Unternehmen umsetzen

Als Unternehmer muss man die Strategie zu Ende denken und sich frühzeitig um Kunden kümmern.

Zusammenfassung

Jede Unternehmensgründung ist unsicher und von hohem Risiko geprägt. Dies gilt besonders für ein Spin-off, d. h. eine Ausgründung aus der Wissenschaft. Hier steht der Wissenschaftler vor der Herausforderung, eine wissenschaftliche Erkenntnis in ein vermarktungsfähiges Produkt umzusetzen. Die Technologie befindet sich vielfach noch in einem frühen Entwicklungsstadium, das Geschäftsmodell ist unbekannt, es bestehen keinerlei organisatorische Strukturen. Um hier erfolgreich zu sein, ist ein hohes Maß an Lernfähigkeit, Gestaltungswillen und Flexibilität seitens des Unternehmensgründers gefordert. Unternehmerische Erfolge wie Misserfolge werden als Chance gesehen, um neue Herausforderungen zu bewältigen. Der Serial Entrepreneur Dr. Andreas Jenne hat bis heute vier Unternehmen aufgebaut. Im persönlichen Gespräch berichtet er von seinem Werdegang als Mehrfachgründer und seinen Erfahrungen.

M. Nörr, *Key Learnings aus dem Serial Entrepreneurship*,
DOI 10.1007/978-3-658-13084-8_2

Dr. Andreas Jenne, Vorstand NEO New Oncology AG
Andreas Jenne (s. Abb. 2.1) studierte Chemie an der Ludwig-Maximilians-Universität München und promovierte dort am Genzentrum. Anschließend arbeitete er als Biochemiker am Genzentrum sowie als Gastwissenschaftler am Massachusetts General Hospital in Boston (USA).

Jenne ist Mitgründer von vier Unternehmen in der Biotechnologiebranche und hat diese als Geschäftsführer bzw. Vorstand geführt.

Im Jahr 2000 gründete Jenne mit zwei Wissenschaftskollegen aus dem Münchner Genzentrum die Nascacell GmbH in Tutzing und war dort Geschäftsführer. Geschäftszweck des Unternehmens war die Medikamentenentwicklung auf der Basis von Aptameren. Das Unternehmen war durch Venture Capital finanziert und ging aufgrund fehlender Anschlussfinanzierung im Jahr 2003 insolvent.

Im Jahr 2003 gründete Jenne mit den gleichen Mitgründern aus der Nascacell GmbH heraus die Nascacell IP GmbH in Tutzing und war dort wieder Geschäftsführer. Ziel dieser Neugründung war der Aufbau eines Servicegeschäfts, bei dem Aptamere genutzt werden, um niedermolekulare Wirkstoffkandidaten auf ihre medizinische Wirksamkeit hin zu untersuchen. Im Jahr 2005 stieg Jenne aufgrund unterschiedlicher Meinung über die weitere strategische Ausrichtung aus dem Unternehmen aus. Die Nascacell IP ging nach seinem Ausscheiden an die Börse, scheiterte dort aber.

Sein drittes Unternehmen, die Kinaxo Biotechnologies GmbH, gründete Jenne im Jahr 2005 zusammen mit Professor Axel Ullrich und Professor Henrik Daub als Ausgründung aus dem Max-Planck-Institut für Biochemie in

Abb. 2.1 Serial Entrepreneur Dr. Andreas Jenne. (© Dr. Andreas Jenne)

Martinsried. Das Unternehmen entwickelte eine Proteomics-Plattformtechnologie, um die Entwicklung von medizinischen Wirkstoffen im Krebsbereich zu verbessern. Kinaxo war durch Venture Capital und Business Angel finanziert. Im Jahr 2011 verkaufte Jenne das Unternehmen für 15 Mio. EUR an die Evotec AG aus Hamburg. Kinaxo heißt jetzt Evotec München und hat seinen Sitz weiterhin in Martinsried. Jenne war anschließend als Geschäftsführer von Evotec München und Manager für den Biomarkerbereich bei Evotec tätig, verließ das Unternehmen aber nach einem Jahr.

Sein viertes Unternehmen, die Blackfield AG, gründete Jenne zusammen mit Professor Axel Ullrich vom Max-Planck-Institut für Biochemie und Professor Roman Thomas vom Universitätsklinikum Köln im Jahr 2012 in Köln. Das Unternehmen ist in der personalisierten Krebsmedizin tätig und bietet Auftragsforschung für Pharmafirmen sowie genetische Untersuchungen für Krebspatienten an. Hierzu wurde eine Plattform zur Genotypisierung entwickelt, mit deren Hilfe man feststellen kann, wieso manche Patienten auf ein Medikament ansprechen und andere nicht. Das Unternehmen ist durch Privatinvestoren und die NRW-Bank finanziert. Aus der Blackfield AG ging die NEO New Oncology AG hervor. Mit einer molekulargenetischen Diagnostikplattform bietet sie Ärzten eine rationale Entscheidungshilfe zur Auswahl der passenden Therapie für ihre Patienten. Auf diese Weise wird eine individuelle Krebsbehandlung ermöglicht.

Quelle: Nörr 2015

2.1 Gespräch mit Serial Entrepreneur Dr. Andreas Jenne

► Wie und warum sind Sie zum Unternehmer geworden?

Mitte der 90er-Jahre gab es in München einen Businessplanwettbewerb, der von McKinsey organisiert wurde. Zu dieser Zeit herrschte eine Gründerstimmung in der Biotechnologiebranche. Ich arbeitete damals als Doktorand am Genzentrum der Ludwig-Maximilians-Universität München. Es gab diverse Veranstaltungen, bei denen Forscher mit Ideen auf Betriebswirtschaftler trafen. Auch Venture Capital war vertreten, und McKinsey hat Beratungsleistungen zur Verfügung gestellt. Seit diesem Businessplanwettbewerb war mir klar: Ich will als Unternehmer tätig sein. Für mich war das die Initialzündung, dass man in Deutschland auch als Unternehmer etwas machen kann und nicht unbedingt den klassischen Weg an der Hochschule oder in der Industrie verfolgen muss.

Nach einer Phase als Postdoktorand habe ich mit zwei Kollegen von der Uni mein erstes Unternehmen, die Nascacell GmbH, gegründet. Wir wollten Medikamente entwickeln. Den sehr hohen Kapitalbedarf habe ich damals komplett unterschätzt. Ich dachte, dass wir in den verschiedenen Finanzierungsrunden genügend Venture Capital erhalten würden, um unsere Produkte zu entwickeln. Als am Neuen Markt die Blase platzte, haben die Investoren dann kalte Füße bekommen und ihre Finanzierung gestoppt. Wir hatten eine viel zu dünne Kapitaldecke und mussten Insolvenz anmelden.

Dass ein solches Geschäftsmodell in der Biotechnologie sehr riskant ist, hätte ich mit meiner jetzigen Erfahrung voraussehen können. Damals kam ich aus der Wissenschaft, war zu sehr begeistert von meiner Geschäftsidee und habe nur die Chancen gesehen. Betriebswirtschaftlich habe ich mir eine blutige Nase geholt, da ich das Risiko, den hohen Finanzbedarf sowie die langen Entwicklungszyklen nicht erkannt hatte. Diese Fehler habe ich in den folgenden Unternehmensgründungen vermieden und auf weniger riskante Geschäftsmodelle gesetzt. Meine nachfolgenden Unternehmensgründungen waren deshalb darauf ausgerichtet, von Anfang an Umsätze zu erwirtschaften.

- Warum haben Sie das zweite und noch weitere Unternehmen gegründet?

Auf Basis der von der Nascacell entwickelten Plattformtechnologie habe ich ein Dienstleistungsunternehmen gegründet. Das Unternehmen hat sich sehr schön entwickelt. Nach zwei Jahren hatten wir stabile Umsätze und überlegten, wie wir weiter wachsen könnten. Da gab es dann zwei Strömungen im Gesellschafterkreis: Ich wollte das Service-Geschäft mithilfe klassischer Finanzierungsrunden weiter ausbauen und in die USA sowie nach Japan expandieren. Meine Mitgründer wollten jedoch an die Börse gehen. Diesen Schritt fand ich viel zu früh, weshalb ich das Unternehmen verließ. Natürlich habe ich darunter gelitten, da ich das Unternehmen gerne anders entwickelt hätte. Glücklicherweise war ich unternehmerisch so gefestigt, dass ich gesagt habe, ich traue mir alles zu, ich fange jetzt wieder von vorne an.

Kurz danach habe ich mit Professor Axel Ullrich und Professor Henrik Daub vom Max-Planck-Institut für Biochemie die Kinaxo GmbH gegründet. Das Unternehmen war mit rund 3 Mio. EUR finanziert und wurde nach fünf Jahren für rund 15 Mio. EUR an die Firma Evotec verkauft. Der Standort in München existiert weiterhin und ist mittlerweile innerhalb der Evotec-Gruppe ein Center of Excellence für Proteinforschung. Ich war bei Evotec für den Geschäftsbereich Biomarker zuständig. Nach einem Jahr habe ich Evotec verlassen, um wieder unternehmerisch tätig zu werden.

Zusammen mit Professor Axel Ullrich und Professor Roman Thomas vom Universitätsklinikum Köln habe ich die Firma Blackfield AG gegründet, die zunächst Forschungsdienstleistungen für Pharmafirmen erbracht hat. Die Firma hat sich dann weiterentwickelt und heißt heute NEO New Oncology AG. Wir bieten diagnostische Tests für Krebspatienten an, auf deren Grundlage der behandelnde Arzt eine individuelle Krebstherapie planen kann.

▶ Welche Strategie verfolgen Sie bei der Gründung und beim Aufbau von Unternehmen?

Entscheidend sind die Wissenschaftler und deren Expertisen. Auf der operativen Seite brauche ich vor allem Unterstützung im Business Development und Vertrieb.

Hinsichtlich der Mitgründer habe ich gelernt, dass nur einer die Führungsrolle übernehmen kann. Dennoch bin ich ein Teamplayer, kommuniziere viel mit meinen Kollegen und Mitgründern und lege großen Wert auf erstklassige Mitarbeiter. Entscheidend ist jedoch, dass jeder seine klar definierte Rolle im Unternehmen hat.

▶ Sie kommen aus den Naturwissenschaften. Wie haben Sie sich betriebswissenschaftliches Wissen angeeignet?

Ich glaube, dass es einem Naturwissenschaftler leichter fällt, sich das BWL-Know-how anzueignen als umgekehrt. In meinem Fall war es Learning by Doing. Zudem arbeite ich mit externen Dienstleistern zusammen, beispielsweise im Bereich Controlling. Einen eigenen CFO haben wir daher nie benötigt.

▶ Welche Finanzierungsform eignet sich für ein neues Produkt bzw. Unternehmen?

Das hängt vom Geschäftsmodell ab. Wenn wir aufgrund des hohen Risikos Venture Capital benötigt haben, habe ich stets versucht, Investorengelder aus meinem Netzwerk aufzutreiben. Deshalb habe ich meine Kontakte zu Investoren fortwährend gepflegt.

Aus der Erfahrung mit meinen früheren Unternehmen lege ich inzwischen sehr großen Wert darauf, dass das Unternehmen von Anfang an Umsätze generiert. Das hat zwei Gründe: Erstens ist man viel weniger abhängig von den Venture-Capital-Firmen. Zweitens lernt man die Probleme seiner Kunden mit jedem Tag besser kennen – und, weil der Kunde kritisches Feedback gibt, auch die Schwachstellen seiner Technologien bzw. Produkte.

▶ Wie sieht es mit der Kundenakquise aus?

Kundenakquise und Kundenpflege sind die vornehmsten Aufgaben des Geschäftsführers. Junge Firmen machen oft den Fehler, dass sie sich zu sehr auf die eigene Technologie konzentrieren und Vertrieb und Marketing vernachlässigen.

▶ Was treibt Sie an? Was bedeutet für Sie Erfolg?

Erfolg bedeutet für mich in erster Linie unternehmerischer Erfolg und nicht persönlicher finanzieller Gewinn. Das ist mir beim Aufbau und Verkauf von Kinaxo gut gelungen. Unsere Technologieplattform passte sehr gut in das Portfolio von Evotec, und ich war überzeugt davon, dass wir die gemeinsame Zukunft erfolgreich gestalten können. Die Standortgarantie von Evotec war wichtig für die Mitarbeiter, und das finanzielle Angebot war für die Investoren angemessen. Einige Gesellschafter musste ich von dem Verkauf jedoch überzeugen. Vielleicht hätte man den Unternehmenswert noch steigern können, aber das weiß man ja nie. Das ist wie bei einer Aktie, mal ist sie oben und mal unten. Der Moment, das Timing ist entscheidend.

Wenn man, wie ich, unternehmerische Erfolge und Misserfolge hatte, dann ist man gut auf die vor einem liegenden Herausforderungen vorbereitet. Dass die deutsche Kultur intolerant gegenüber Misserfolgen ist, habe ich zwar oft gehört, in meinem Fall aber nicht persönlich erlebt. Es war eher so, dass mir zwar Fehler attestiert wurden, mir aber auch die Chance gegeben wurde, aus diesen zu lernen und es das nächste Mal besser zu machen.

2.2 Was Unternehmer von Dr. Andreas Jenne lernen können

Die Teilnahme an einem Businessplanwettbewerb gab dem Wissenschaftler Dr. Andreas Jenne den Anstoß, eine Tätigkeit als eigenständiger Unternehmer ins Auge zu fassen. Auch wenn sein erstes Unternehmen in der

Biotechnologiebranche nicht von Erfolg gekrönt war, ließ er sich hiervon nicht entmutigen, sondern setzte seinen Weg als Unternehmer konsequent fort. Diese Anstrengungen wurden im Laufe der Zeit durch Erfolge belohnt. Heute baut Jenne sein viertes Unternehmen auf.

Jenne lernt aus seinen unternehmerischen Erfolgen und Misserfolgen. Seine Key Learnings betreffen die Wahl des Geschäftsmodells, den professionellen Unternehmensaufbau und den Verkauf von Unternehmen. Nachfolgend werden diese Erkenntnisse beschrieben und weiter ausgeführt. Zudem wird auf die Besonderheiten der Biotechnologiebranche als sehr wissenschaftsorientierte Branche eingegangen.

2.2.1 Geschäftsmodell zukunftsfähig gestalten

Serial Entrepreneure in der Biotechnologiebranche sind hoch qualifiziert: Sie sind promoviert, teilweise habilitiert und haben einige Jahre in wissenschaftlichen Institutionen und/oder auch in der forschenden Pharmaindustrie gearbeitet. Die Grundlagen und Ideen für ihre erste Unternehmensgründung stammen meist aus ihrer Tätigkeit als Forscher. Die Wissenschaftler sind daran interessiert, ihre Forschungsergebnisse in der Praxis anzuwenden. Soll beispielsweise ein Patient von ihrer Technologie profitieren, gründen sie ein eigenes Unternehmen und entwickeln ihre Grundlagentechnologien zu einem Produkt, wie etwa einem Medikament, weiter. Eine Unternehmensgründung wird oft einer Lizenzvergabe an ein Pharmaunternehmen vorgezogen, da der Wissenschaftler dann selbst entscheiden kann, was mit seiner Technologie passiert. Denn die Kooperation zwischen einer akademischen Einrichtung und einem Pharmaunternehmen ist in vielen Fällen nicht erfolgreich. Ein Grund liegt darin, dass es in Pharmakonzernen vom Vorstand abhängt, welche Aktivitäten fortgeführt oder aufgegeben werden. Sollte die Technologie eingestellt werden, kann der Wissenschaftler diese selbst nicht mehr weiterentwickeln, da die Verwertungsrechte an das Pharmaunternehmen vergeben wurden.

Jenne gründete sein erstes Unternehmen, Nascacell, zusammen mit zwei wissenschaftlichen Kollegen auf Basis einer eigenen Technologie. Ziel war die Entwicklung neuer therapeutischer Wirkstoffe und Medikamente. Allerdings ist eine solche Entwicklung sehr riskant und teuer. Jenne konnte anfangs ausreichend Venture Capital einwerben, um den Entwicklungsprozess zu starten. Aufgrund äußerer Faktoren wie der Dotcom-Krise wollten die Investoren ihre Finanzierung nicht fortführen. Jenne und seinen Mitgründern waren aufgrund ihrer rein wissenschaftlichen Erfahrung dieser Finanzierungsbedarf und die Unsicherheiten einer Venture-Capital-Finanzierung nicht bewusst.

Dieses Schicksal erlitten viele Unternehmensgründer in der Biotechnologie: So konnten viele Serial Entrepreneure bei mindestens einem ihrer Unternehmen ihre Geschäftsmodelle nicht wie geplant umsetzen. Denn: Je technologieintensiver ein Unternehmen ist, desto komplexer und finanzintensiver wird das Geschäftsmodell. Die fehlende oder zu späte Anpassung des Geschäftsmodells führte in einigen Fällen auch zur Aufgabe oder Insolvenz des Unternehmens. Die Ursachen liegen vor allem in folgenden Punkten (Nörr 2015):

- Für das Produkt ist grundsätzlich kein Markt vorhanden. Der Unternehmenserfolg stellt sich erst mit anderen Produkten ein, die unmittelbar nach dieser Erkenntnis entwickelt wurden.
- Für das Produkt ist zwar ein Markt vorhanden, aber nicht zum jetzigen Zeitpunkt. Der Zeitpunkt des Markteintritts ist falsch.
- Es wurden Planungsfehler gemacht. So wurde viel zu früh mit viel zu hohen Umsätzen geplant.
- Der Finanzierungsbedarf wurde unterschätzt, ebenso der Finanzierungswille und die Finanzierungsfähigkeit der Venture-Capital-Geber.
- Die Komplexität des Produkts und technologische Schwierigkeiten bei der Produktentwicklung, die zu großen Zeitverzögerungen führten, wurden unterschätzt.
- Es wurde nur auf einen Wirkstoff oder eine Technologie gesetzt, die sich als nicht wirksam erwies.

Jenne erkannte im Nachhinein, dass er den Finanzierungsbedarf für die Produktentwicklung unterschätzt und die Investitionsbereitschaft der Venture-Capital-Geber überschätzt hatte. Bei seinen darauffolgenden Unternehmen vermied er diese Fehler, indem er das Geschäftsmodell von der hochriskanten Medikamentenentwicklung in Richtung weniger risikoreicher Serviceunternehmen änderte. Er erkannte, dass es nicht nur ein einziges Geschäftsmodell gibt, sondern dass eine Menge an Chancen vorhanden sind, die allerdings entdeckt werden müssen (Osterwalder und Pigneur 2011). Jenne nutzte für sein zweites Unternehmen die Technologie des ersten und behielt auch den auf dem Markt etablierten Unternehmensnamen „Nascacell“ bei. Er bot nun Dienstleistungen an und war somit in der Lage, von Anfang an Umsätze zu erwirtschaften. Sein Unternehmen war zwar weiterhin von Investoren finanziert, aber nicht mehr komplett von diesen abhängig. Dieses Geschäftsmodell behielt Jenne auch für seine folgenden Unternehmen bei: das Angebot von Dienstleistungen, die auf einer eigenen Technologie basieren.

Diesen Weg in Richtung Entwicklung eines Servicegeschäfts gingen auch viele andere Unternehmer im Biotechnologiebereich. Aufgrund des geringeren Finanzierungsbedarfs konnten als Investoren auch Privatpersonen, ein sog. Business Angel, gewonnen werden. Diese Personen investieren ihr eigenes Kapital und sind deshalb nicht durch Fondszyklen getrieben. Vielmehr liegt die Motivation darin, am Unternehmensaufbau und -erfolg mitzuwirken, auch durch das Einbringen von Know-how und Netzwerken.

2.2.2 Unternehmen von Anfang an professionell aufstellen

Wissenschaftler und Unternehmer haben in der Regel ganz unterschiedliche Ziele und Wertvorstellungen: Während es in der Wissenschaft vorwiegend um den Erkenntnisgewinn auf einer grundlegenden Basis geht, muss ein Unternehmer gezielt eine verkaufbare Leistung – sei es ein Produkt, eine Technologie oder eine Dienstleistung – anbieten. Die Wirtschaft stellt ganz andere Anforderungen als die Wissenschaft: Ein Unternehmensgründer aus der Wissenschaft muss somit die Gründung, den Aufbau und die Führung von Unternehmen erst lernen. Dieses Lernen erfolgt vor allem durch die Praxis: Die meisten Entrepreneure aus der Biotechnologie setzen auf „Learning by Doing".

So auch Jenne: Er nutzte seine Erkenntnisse aus dem ersten Unternehmen, um seine weiteren Unternehmen mit einer Strategie aufzubauen und weiterzuentwickeln. Seine Learnings betreffen vor allem die Zusammenstellung des Gründerteams, die möglichst frühe Berücksichtigung von Marketing und Vertrieb und den organisatorischen Aufbau des Unternehmens.

Bei einer Unternehmensgründung ist das Gründerteam erfolgsentscheidend. Je wissenschaftsbasierter ein Unternehmen ist, desto stärker werden wissenschaftliche und technologische Expertise benötigt. Jenne gründet seine Unternehmen deshalb stets mit renommierten Wissenschaftlern. Diese bringen ihr Know-how und ihre Kontakte in das Unternehmen ein. Doch auch die Reputation der Mitgründer ist entscheidend. Wie die wissenschaftliche Literatur zeigt, ist die Wahl der ersten Partner nicht nur für den Erfolg in einer frühen Unternehmensphase entscheidend. Sondern: Je höher der gute Ruf der ersten Partner ist, desto höher ist auch die Reputation des Unternehmens in späteren Zeiten. Die Reputation der Partner wirkt somit als Qualitätssignal im Markt (Milanow und Shepherd 2013).

Aber auch die andere Seite, die Marktseite, muss von Anfang an bedacht werden. Jenne stellt deshalb frühzeitig Personen ein, die ihn beim Business

Development und Vertrieb unterstützen. Früher und regelmäßiger Kontakt zu Kunden ist nicht nur für den späteren Verkauf notwendig, sondern liefert wertvolle Rückmeldungen zu den Stärken und Schwächen der eigenen Technologie. Nur auf diese Weise kann ein Leistungsangebot entwickelt werden, das den Kunden wirklich nutzt.

Bei vielen Unternehmensgründungen sind anfangs alle Personen im Gründerteam gleichberechtigt. Auch wenn es eine gewisse Aufgabenverteilung gibt, werden die Entscheidungen zumeist gemeinsam getroffen. Dies benötigt viel Zeit und kann zu Kompromissen führen, die ungünstig für die Unternehmensentwicklung sind. Für Jenne ist es deshalb wichtig, dass es in einem jungen Unternehmen einen einzigen Entscheider gibt. Er baut seine Unternehmen so auf, dass jede Person ihre klar definierte Rolle und einen bestimmten Aufgabenbereich hat. Auf erstklassige Mitarbeiter legt er sehr viel Wert.

2.2.3 Sich zum Serial Entrepreneur entwickeln

Damit ein Wissenschaftler zum Serial Entrepreneur wird, muss er drei Schritte durchlaufen: 1) Der Wissenschaftler wird als Unternehmensgründer tätig. 2) Der Wissenschaftler verlässt sein erstes Unternehmen. 3) Der Wissenschaftler gründet mindestens ein zweites Unternehmen. Interessant ist hier einerseits, warum das erste Unternehmen verlassen bzw. aufgegeben wird, und andererseits, warum ein neues Unternehmen gegründet wird, anstatt beispielsweise eine Anstellung anzunehmen.

Der Ausstieg eines Entrepreneurs aus seinem Unternehmen wird auch als Exit bezeichnet. Ein solcher Exit kann verschiedene Gründe haben: Der Entrepreneur kann mit seinem Unternehmen einen Börsengang absolvieren. Hierfür geeignet ist jedoch nur eine sehr kleine Gruppe an Unternehmen. Weit häufiger ist der Verkauf des Unternehmens, beispielsweise an ein anderes Unternehmen mit strategischem Interesse. Diesen sog. Trade Sale nahm Jenne mit seinem dritten Unternehmen Kinaxo vor, das er an Evotec verkaufte. Weitere Gründe für den Exit können darin liegen, dass das Unternehmen liquidiert wird: entweder insolvenzbedingt, wenn die Finanzmittel nicht ausreichten oder der Kundenbedarf nicht getroffen wurde, oder auch freiwillig, wenn der Entrepreneur eine für ihn attraktivere Option hat, etwa eine Anstellung.

Jennes erstes Unternehmen ging zwar insolvent, er konnte jedoch die Technologie, den Markennamen und das Kernteam für den Aufbau des zweiten Unternehmens nutzen. Er hatte sich somit mit dem ersten Unternehmen die Basis für sein zweites Unternehmen geschaffen. Zu dieser Basis zählt auch seine gewonnene unternehmerische Erfahrung, die er mit seinem zweiten Unternehmen vertiefen konnte. Die Entscheidung, das zweite Unternehmen zu verlassen, konnte er treffen, da er nach seinen Worten zu diesem Zeitpunkt bereits „unternehmerisch gefestigt" war. Er musste keine Grundsatzentscheidungen mehr mittragen, hinter denen er selbst nicht stehen konnte. Vielmehr besaß er das Selbstvertrauen, die Ressourcen und die Kontakte, um ein neues Unternehmen mit einem neuen Team zu gründen.

Für Jenne ist der unternehmerische Erfolg wichtig, d. h. die Schaffung eines Produkts bzw. Unternehmens. Er möchte ein Unternehmen aufbauen und zum Erfolg führen. Hierzu kann auch ein Verkauf gehören, wenn sich die Technologie letztendlich nur mithilfe eines großen Partners so weit entwickeln lässt, dass sie einen entsprechenden Marktanteil erreicht. Der Verkauf ermöglicht es Jenne dann, wieder eine neue wissenschaftliche Erkenntnis in einem neuen Unternehmen zu verwirklichen.

2.2.4 (Serial) Entrepreneure aus der Biotechnologiebranche

Die Biotechnologiebranche ist eine Hightechbranche mit sehr speziellen Charakteristika. Um diese Branche und auch die von Jenne im Interview angesprochenen Themen (s. auch Abschn. 6.1 Gespräch mit Serial Entrepreneur Dr. Herbert Stadler; s. auch Abschn. 9.1 Gespräch mit Serial Entrepreneur Dr. Karsten Henco) besser einordnen zu können, fasst dieser Abschnitt die wichtigsten Hintergründe und Besonderheiten zusammen (Nörr 2015).

Die Wurzeln der deutschen Biotechnologiebranche liegen in den wissenschaftlichen Institutionen. In Bayern sind dies beispielsweise die Ludwig-Maximilians-Universität München und die Technische Universität München mit ihren Kliniken sowie außeruniversitäre Forschungseinrichtungen wie das Max-Planck-Institut für Biochemie und das Max-Planck-Institut für Neurobiologie in Martinsried bei München.

Wurden in den USA schon Anfang der 1980er-Jahre zahlreiche Biotechnologieunternehmen gegründet, so folgte Deutschland dieser Entwicklung zehn bis 15 Jahre später. Im Rahmen des BioRegio-Wettbewerbs, den die Bundesregierung im Jahr 1995 initiiert hatte, wurde auch Deutschland vom Gründungsboom in der Biotechnologie erfasst. Diese neuen Unternehmen entwickelten sich jedoch meist in der Nische und waren dem beständigen Druck ausgesetzt, Kapitalgeber zu finden. Deutsche Pharmakonzerne wie Schering, Bayer und BASF arbeiteten nur selten mit diesen Unternehmen zusammen, sondern bauten eigene Forschungs- und Entwicklungsabteilungen auf oder kooperierten mit amerikanischen Biotechnologieunternehmen.

Zu Beginn der Gründungsphase waren zwar sehr kompetente Wissenschaftler vorhanden, es gab jedoch kaum erfahrene Manager in der Biotechnologie. Dies führte dazu, dass Personen mit rein wissenschaftlichem Background Unternehmen gründeten, wie dies auch bei Jenne der Fall war. Viele der neu gegründeten Biotechnologieunternehmen waren schon aufgrund der fehlenden unternehmerischen Erfahrung nicht erfolgreich.

Heute bestehen in Deutschland zwei grundlegende Modelle, wie ein Wissenschaftler ein Unternehmen gründet: Entweder er verbleibt als Ideengenerator in seinem akademischen Umfeld, wird aber gleichzeitig zum Mitgründer und Miteigentümer des Unternehmens – diesen Weg wählte Professor Axel Ullrich als Mitgründer von einigen Unternehmen von Jenne. Oder er verlässt die Wissenschaft und wird zum Unternehmer, wie es Jenne vollzogen hat.

In der Biotechnologiebranche gründet ein Wissenschaftler bzw. ein Serial Entrepreneur vergleichsweise viele Unternehmen. Die Erklärung kann in folgenden Punkten liegen: 1) Wissenschaftler, die sich für die Kommerzialisierung ihrer Forschungsergebnisse interessieren, sind besonders aktiv und engagiert. So gibt es eine eigene Klasse von „Repeat Commercializers“, d. h. von Personen, die wiederholt Ergebnisse aus der Wissenschaft wirtschaftlich verwerten. Dies beruht auch auf der Anwendungsvielfalt der Forschungsgebiete, gerade im Gesundheitsbereich (Hoye und Pries 2009). 2) Vielfach setzt das gewählte Geschäftsmodell die Gründung eines neuen Unternehmens voraus, da Venture-Capital-Firmen vorwiegend in Unternehmen investieren, die sich auf ein bestimmtes, abgegrenztes Projekt konzentrieren. 3) Die Serial Entrepreneure gründen zwar viele Unternehmen, haben aber aufgrund der hohen Forschungsintensität, des großen Kapitalbedarfs und der insgesamt hohen Unsicherheit in der Medikamentenentwicklung auch einige erfolglose Unternehmen. Vielfach werden Teile des Unternehmens verkauft oder die Unternehmen gehen insolvent, wenn die Venture-Capital-Geber die Idee und das Geschäftsmodell nicht mehr mittragen.

Nach dem Gründungsboom Ende der 1990er-/Anfang der 2000er-Jahre stagnierte die Biotechnologiebranche in Deutschland. Im Jahr 2014 waren laut Biotechnologiereport von Ernst & Young gut 400 Unternehmen mit mehr als 10.000 Beschäftigten tätig. Die Zahl der Neugründungen bewegt sich seit vielen Jahren auf niedrigem Niveau: In 2013 und 2014 wurden in Deutschland nur 23 Unternehmen in der Biotechnologie gegründet, davon 14 im Bereich der

Medikamentenentwicklung. Diese Stagnation liegt an der weiterhin schwierigen Finanzierungssituation, die sich in der mangelnden Verfügbarkeit von Venture Capital sowie den fehlenden Gelegenheiten für Börsengänge äußert. Allerdings gab es im Jahr 2014 erstmals seit 2006 wieder zwei Börsengänge von Biotechnologieunternehmen (Ernst & Young 2015).

Ein Großteil der Biotechnologieunternehmen bietet heute Dienstleistungen wie Analysen und Diagnostik an. Diese Ausrichtung auf ein Servicegeschäft hat den Vorteil, dass in der Regel von Anfang an Umsätze generiert werden können. Biotechnologieunternehmen sind zudem in der industriellen Biotechnologie, beispielsweise in der Entwicklung von neuen Materialien, Ersatzstoffen für die Chemie und nachwachsenden Rohstoffen, sowie in der Bioinformatik tätig. Die Pflanzenbiotechnologie spielt in Deutschland aufgrund der gesetzlichen Regularien sowie des Widerstands in der Bevölkerung kaum mehr eine Rolle.

Aufgrund mangelnder Finanzierungsmöglichkeiten beschäftigt sich heute nur noch rund ein Drittel der Biotechnologieunternehmen mit der Medikamentenentwicklung. Die Entwicklung eines Medikaments kostet 1,0 bis 1,6 Mrd. US$, die Entwicklungszeit beträgt im Schnitt 13 Jahre (VFA 2013). Der Entwicklungsprozess umfasst die Identifizierung geeigneter Wirkstoffkandidaten, deren präklinische und klinische Prüfung sowie die Zulassung durch die Arzneimittelbehörden.

Da es sich bei den meisten Biotechnologieunternehmen um sehr kleine Unternehmen handelt, können diese die Entwicklungszeiten und -kosten nicht selbst finanzieren und sind deshalb auf Kapital von außen angewiesen. Externes Beteiligungskapital stellen in den meisten Fällen institutionelle und halbstaatliche Venture-Capital-Geber zur Verfügung. Diese Risikokapitalgeber bewilligen finanzielle Mittel in der Regel in mehreren Finanzierungsrunden, abhängig vom Erreichen bestimmter Meilensteine und der strategischen Ausrichtung ihrer eigenen Unternehmen. Zudem erhalten viele forschende Biotechnologieunternehmen staatliche Fördermittel. Weitere Finanzierungsmöglichkeiten bestehen in Forschungs- und Entwicklungskooperationen mit international tätigen großen Biotechnologie- und Pharmaunternehmen sowie in der Lizenzvergabe an diese Unternehmen.

Ziel vieler Biotechnologiefirmen ist es, einen therapeutischen Wirkstoff so weit aus eigener Kraft zu entwickeln, bis ein großes Pharmaunternehmen in das Unternehmen einsteigt oder dieses komplett kauft. Mithilfe dieses finanzkräftigen Partners kann der Wirkstoff zu einem Medikament weiterentwickelt werden. So lassen sich die erforderlichen umfangreichen klinischen Prüfungen und die Vermarktung finanzieren. Dies wird durch den Umstand begünstigt, dass die Pharmaunternehmen stetig auf der Suche nach neuen Produkten sind, da viele ihrer Patente auslaufen und durch kostengünstige Generika ersetzt werden. Allerdings besteht hier auch ein hohes Risiko, da es von der Identifizierung möglicher therapeutischer Wirkstoffe bis zum zugelassenen Medikament ein weiter Weg ist: Im Durchschnitt der letzten Jahre schafften es etwa 10 % aller Substanzen aus einer ersten klinischen Erprobung bis zur Marktreife (IHK für München und Oberbayern et al. 2015).

Die Biotechnologieunternehmen sind gerade bei der Unternehmensgründung in hohem Maße von den Risikokapitalgebern abhängig. Diese Abhängigkeit ist in der Biotechnologiebranche noch viel stärker ausgeprägt als in anderen Hightechbranchen. Die Beziehungen zwischen Unternehmern und Venture-Capital-Gebern sind in vielen Fällen zwiespältig, da von Anfang an ein Interessenkonflikt vorliegt: Einerseits sind Entwicklung und Aufbau des Unternehmens aufgrund des hohen Kapitalbedarfs ohne Venture Capital in den meisten Fällen nicht möglich. Andererseits möchte ein Venture-Capital-Geber nach zwei bis sieben Jahren aus dem Unternehmen aussteigen und dieses gewinnbringend verkaufen (Trade Sale) bzw. an die Börse bringen (Initial Public Offering – IPO) (Gerasymenko und Arthurs 2014). Diese Zeit und die Höhe der Mittel reichen nicht aus, um ein Projekt so weit zu entwickeln, dass es für ein Pharmaunternehmen interessant ist: Um ein Produkt in eine Pharmapartnerschaft einzubringen, sind 100 bis 500 Mio. EUR erforderlich (Ernst & Young 2015). Zudem greifen die Kapitalgeber durch ihre Präsenz in den Aufsichtsräten in hohem Maße in die Ausrichtung und Weiterentwicklung der Unternehmen ein. Dies führt vielfach auch dazu, dass die Unternehmensgründer das Unternehmen verlassen müssen und durch externe Manager ersetzt werden. Weiterhin gehören den Kapitalgebern die Ergebnisse und Produkte des Unternehmens zu einem großen Teil. Durch die Finanzierungsrunden werden die Anteile der Unternehmensgründer immer weiter „verwässert" und somit geringer.

Diese Abhängigkeiten und technologische Probleme bei der Medikamentenentwicklung haben zu vielen Insolvenzen geführt. Deshalb wurden in den letzten Jahren auch vermehrt Biotechnologieunternehmen gegründet, die Dienstleistungen als Geschäftsmodell verfolgen. Diese Serviceunternehmen bieten beispielsweise Analysen und Auftragsforschung an. Das Geschäftsmodell erfordert weniger Kapital, erlaubt die Gewinnung einer anderen Art von Investoren und ermöglicht den Serial Entrepreneuren eine höhere Kontrolle über ihre Unternehmen.

2.2.5 Tipps für Unternehmer und Unternehmensgründer

Tipps für Unternehmer

- Wissenschaftliche Erkenntnisse in erfolgreiche Produkte umzusetzen, erfordert in der Regel einen langen Atem und viel Kapital.
- Für eine neue Idee bzw. ein neues Geschäftsfeld muss vorab das Geschäftsmodell überlegt werden: Welches Leistungsangebot soll entwickelt werden? Wer sind die Kunden? Wie soll die Entwicklung finanziert werden?
- Es ist sinnvoll, von Anfang an eine klare Entscheidungsstruktur zu etablieren: Eine Person muss letztendlich für die finalen Entscheidungen verantwortlich sein.
- Für das neue Geschäftsfeld sollte ein Team an erstklassigen Mitarbeitern zusammengestellt werden.

Weitere Tipps für Unternehmensgründer – auch aus der Wissenschaft

- Forschungsergebnisse sollten stets auf die Kommerzialisierbarkeit, d. h. ihre Verwertbarkeit am Markt, geprüft werden.
- Es muss entschieden werden, ob eine Lizenzierung oder eine Unternehmensgründung zielführender ist: Eine Gründung ist einer Lizenzierung in vielen Fällen vorzuziehen, da eine Lizenzierung mit einer größeren Abhängigkeit vom Umsetzungswillen des Lizenznehmers einhergeht.
- Alle vorhandenen Ressourcen sollten überlegt genutzt werden. Diese können aus der Anstellung oder einer vorhergehenden Unternehmensgründung stammen.
- Möglichst früh sollten die Personen in das Gründerteam geholt werden, welche die Expertise und Reputation mitbringen, um das Unternehmen schnell aufbauen zu können.
- Ein ganz wichtiger Punkt ist es, sich frühzeitig auf Marketing und Vertrieb zu konzentrieren und nicht nur die Technologieentwicklung im Blick zu haben.
- Von Anfang an sollten Umsätze generiert werden, um die Abhängigkeit von Kapitalgebern zu reduzieren.

- Ein Unternehmensgründer sollte auch den Exit im Blick haben: Ist ein Verkauf zielführend – und wenn ja, zu welchem Zeitpunkt? Gäbe es die Möglichkeit eines Börsengangs?

Literatur

Ernst & Young. 2015. EY Deutscher Biotechnologie-Report 2015: Momentum nutzen. Politische Signale setzen für Eigenkapital und Innovation. Kostenloser Download unter http://www.ey.com/Publication/vwLUAssetsPI/Deutscher_Biotechnologie-Report_2015/$FILE/EY-Deutscher-Biotech-Report-2015.pdf. Zugegriffen: 08. Febr. 2016.

Gerasymenko, Violetta, und Jonathan D. Arthurs. 2014. New insights into venture capitalists' activity: IPO and time-to-exit forecast as antecedents of their post-investment involvement. *Journal of Business Venturing* 29 (3): 405–420.

Hoye, Kate, und Fred Pries. 2009. „Repeat commercializers", the „habitual entrepreneurs" of university-industry technology transfer. *Technovation* 29 (10): 682–689.

IHK für München und Oberbayern, Landeshauptstadt München, BioM Biotech Cluster Development Hrsg. 2015. Biotechnologie und Pharmaindustrie in der Europäischen Metropolregion München (EMM). Kostenloser Download unter https://www.muenchen.ihk.de/de/innovation/Anhaenge/biotech-studie.pdf. Zugegriffen: 04. Febr. 2016.

Milanov, Hana, und Dean A. Shepherd. 2013. The importance of the first relationship: the ongoing influence of initial network on future status. *Strategic Management Journal* 34 (6): 727–750.

Nörr, Monika. 2015. Analyse der Entwicklung von Serial Entrepreneurs aus Hightech-Branchen – mit einem Schwerpunkt auf dem Human- und Sozialkapital. Dissertation. Hamburg: Dr. Kovač.

Osterwalder, Alexander, und Yves Pigneur. 2011. *Business model generation*. Frankfurt a. M.: Campus.

Verband Forschender Arzneimittelhersteller VFA, Hrsg. 2013. Die pharmazeutische Industrie in Deutschland – ein Branchenportrait. 2. Aufl. Kostenloser Download unter http://www.vfa.de/embed/branchenportrait.pdf. Zugegriffen: 04. Febr. 2016.

Unternehmertum: Menschen entwickeln, qualifizieren und motivieren

3

Gerade im technischen Bereich haben junge Mitarbeiter viele Vorteile: Sie kennen die neuesten Technologien, möchten vieles ausprobieren und fügen sich gut in das Team ein. Als Unternehmen kommt man so sehr schnell vorwärts.

Zusammenfassung

Für jede Art von Organisation sind die Menschen entscheidend. Ein neues Unternehmen wird in hohem Maße von den Unternehmensgründern und den ersten Mitarbeitern geprägt. Entgegen der früher vorherrschenden Meinung, dass man zum Unternehmer geboren sein muss, zeigt sich heute, dass das Unternehmertum ein Beruf ist, der erlernt werden kann. Wichtige Bereiche sind hierbei die Identifizierung und Schaffung von Erfolg versprechenden Geschäftsideen, der Erwerb von marktrelevantem Wissen und Kontakten, das Sammeln von Erfahrungen, beispielsweise bei der Einstellung von Mitarbeitern, sowie die Reflexion der eigenen Vorgehens- und Verhaltensweisen. Diese Prozesse können durch Gespräche mit anderen Unternehmern oder durch externe Mentoren unterstützt werden. Der Serial Entrepreneur Philipp Spangenberg ist schon seit jungen Jahren Unternehmer. Im persönlichen Gespräch berichtet er von seinem Werdegang als Mehrfachgründer und seinen Learnings.

Philipp Spangenberg, Geschäftsführer, baimos technologies GmbH

Philipp Spangenberg (s. Abb. 3.1) gewann vor dem Abitur den „Jugend forscht"-Landeswettbewerb mit einer Entwicklung, bei der man Handhelds

M. Nörr, *Key Learnings aus dem Serial Entrepreneurship*,
DOI 10.1007/978-3-658-13084-8_3

Abb. 3.1 Serial Entrepreneur Philipp Spangenberg. (© Philipp Spangenberg)

als digitales Schulheft nutzen konnte. Anschließend studierte er Maschinenbau und Informatik an der Technischen Universität München.

Spangenberg hat zwei Unternehmen in der IT-Branche und der Mobilebranche gegründet bzw. mitgegründet.

Die PPS-Systems gründete Spangenberg im Jahr 2000 im Gründerzentrum gate in Garching mit einem Studienkollegen während des Studiums (2003: Umwandlung in PPS-Systems GmbH). PPS entwickelte ein System zum Personen- und Warenmanagement auf mobilen Endgeräten und eine digitale Patientenakte. Spangenberg liquidierte das Unternehmen rund sieben Jahre später.

Im Jahr 2006 gründete Spangenberg mit einem Partner die baimos technologies GmbH in München. Die Idee, die hinter baimos steckt, ist, das Mobiltelefon als digitalen Schlüssel zu verwenden, beispielsweise als Schlüssel für ein Auto. baimos ist durch Venture Capital und einen strategischen Investor finanziert und hat derzeit 17 Mitarbeiter.

Quelle: Nörr 2015

3.1 Gespräch mit Serial Entrepreneur Philipp Spangenberg

▶ Wie und warum sind Sie zum Unternehmer geworden?

Bereits zu Schulzeiten habe ich mich aufgrund des Wettbewerbs „Jugend forscht" mit der IT befasst, obwohl ich mich persönlich mehr für den Maschinenbau und die Luft- und Raumfahrttechnik interessiert habe. Mir war damals schon bewusst, dass man im klassischen Ingenieurwesen einen Abschluss vorweisen muss, um Erfolg zu haben. Bei der IT hingegen war es nicht wichtig, wer hinter der Software steckt. Meine Motivation war es, Lösungen zu bauen, die modern waren und die kein anderer zu diesem Zeitpunkt hatte.

Nach meinem ersten IT-Projekt, einer Flugwegberechnung durch eine Berglandschaft, entwickelte ich mit zwei Mitschülern eine Software für den Palm. Während meiner Abiturzeit nutzte ich diesen Handheld für mich selbst als digitales Schulheft. Wir hatten die Idee, die Kopien digital an Mitschüler zu verteilen und eine Möglichkeit zu schaffen, Klassenarbeiten auf dem Palm zu schreiben und einzusammeln. Mit diesem Projekt gewannen wir den Landeswettbewerb „Jugend forscht" und nahmen am Bundeswettbewerb teil. Über „Jugend forscht" konnte ich an einigen Messen am Stand des Forschungsministeriums teilnehmen. Das gibt einem einen ganz anderen Blick auf Messen, als wenn man nur als Besucher hingeht. Anschließend überlegten wir uns, die Software zu kommerzialisieren. Allerdings muss man im Bildungsbereich mit 16 Bundesländern Verhandlungen aufnehmen – das hat zwar zu vielen Reisen während meiner Abiturzeit geführt, ein Ergebnis haben wir im Endeffekt jedoch nicht erzielt.

Anschließend haben wir uns als Freiberufler mit der PPS selbstständig gemacht. Das Risiko war nicht hoch, das Office war das Notebook, wir haben damals noch daheim gewohnt. Auf Basis des „Jugend-forscht"-Projekts beauftragte uns nach kurzer Zeit ein Unternehmen mit einer Softwareentwicklung für den Palm. Wir entwickelten Krankenhausdatensysteme, die digitale Patientenakte auf dem Palm-Handheld. Diese haben wir bei mehreren Kliniken installiert, die letzte Version wurde nach mehr als zehn Jahren Betriebszeit an der Ludwig-Maximilians-Universität vom Netz genommen.

Während meines Studiums in München habe ich dann einen Kommilitonen kennengelernt, mit dem ich die PPS in die PPS Systems GmbH umgewandelt habe. Er übernahm die kaufmännischen Aufgaben, ich die technischen Entwicklungen. Wir sind in das Garchinger Gründerzentrum gate eingezogen und haben klassisches Projektgeschäft gemacht. Neben dem Studium haben wir die Firma kontinuierlich aufgebaut. Ich habe viel gelernt über den Umgang mit Kunden, das Einstellen von Mitarbeitern und vieles mehr.

▶ Auf welche Punkte haben Sie damals bei der Mitarbeiterauswahl besonders geachtet?

Bei der Auswahl meiner Mitarbeiter und Kollegen waren für mich Vertrauen, Motivation und fachliche Kompetenz immer entscheidend. Gerade Vertrauen und die Überzeugung, dass man gut und langfristig zusammenarbeiten kann, kommen nur beim persönlichen Kennenlernen zustande. Hier spielt das eigene Bauchgefühl eine wesentliche Rolle. Die Motivation bildet sich zum einen aus den individuellen persönlichen Zielen, zum anderen aus den gemeinsamen Zielen des Unternehmens. Beide Arten von Zielen müssen im gleichen Bereich liegen, um unternehmerisch vorwärtszukommen. Natürlich ist auch die fachliche Qualifikation sehr relevant. Aus einem Lebenslauf und beim Kennenlernen muss ich überzeugt sein, dass mein neuer Kollege die Herausforderungen lösen kann, die vor ihm liegen. Mit diesen Grundlagen können meine Kollegen selbstständig arbeiten, ohne wegen jeder Kleinigkeit bei mir rückfragen zu müssen – Selbstständigkeit und Eigenverantwortung sind hier die Devise.

Zudem haben wir zwei Auszubildende aufgenommen. Dies war natürlich ein gewisser Betreuungsaufwand. Wir hatten jedoch bei der Auswahl darauf geachtet, dass es sich um relativ selbstständige Personen handelt. Die Auszubildenden haben bei uns ihren Abschluss gemacht und gute Arbeitsplätze gefunden.

▶ Warum haben Sie das zweite Unternehmen gegründet?

Im Jahr 2004 habe ich meinen Mitgründer Markus Weitzel bei einer Netzwerkveranstaltung im gate kennengelernt. Ein Team von drei Leuten hatte die Idee, das Handy als Schlüsselbund zu nutzen. Vom Hintergrund her waren sie Betriebswirtschaftler und Physiker, sie hatten also keine praktische Erfahrung. Wir haben uns ein paarmal getroffen, dann habe ich die technische Leitung im Team übernommen. Die PPS hatte ich zu diesem Zeitpunkt noch, das Ganze war eher ein Hobby. Wir haben einige Prototypen gebaut, einen Businessplan geschrieben und einige Wettbewerbe gewonnen. Mit deren Preisgeldern haben wir die baimos technologies GmbH gegründet. Finanziell hat uns zudem die private Stiftung eines Münchner Unternehmers unterstützt, der Förderverein Kurt Fordan für herausragende Begabungen. Zu diesem Zeitpunkt hatten wir auch Studenten angestellt, die für uns Prototypen programmierten.

Drei Jahre später sind die halbstaatlichen Risikokapitalgeber Bayern Kapital und High-Tech Gründerfonds (HTGF) in unser Unternehmen eingestiegen. Mit diesem Investment war an mich persönlich die Bedingung geknüpft, mich für ein Unternehmen zu entscheiden – die PPS oder die baimos. Ich habe mich für die baimos entschieden, da ich nach sieben Jahren Projektgeschäft gerne etwas Neues machen wollte. Aufgrund meiner Erfahrung wusste ich, dass ein Produktgeschäft mit organischem Wachstum nahezu nicht funktioniert. Man benötigt eine kritische Größe, um sein Produktgeschäft komplett aus dem laufenden Geschäft zu finanzieren. Zudem hatten wir mit dem Handyschlüsselbund ein heißes Thema, das wir sofort mit aller Kraft anpacken mussten. Deshalb haben wir uns für Venture Capital entschieden.

baimos ist gewachsen, wir haben Mitarbeiter angestellt, wir hatten weitere Finanzierungsrunden, der strategische Investor Dr. Harald Marquardt ist bei uns eingestiegen. Rückblickend würde ich sagen, dass wir zu früh am Markt waren. Andererseits konnten wir in diesen Jahren viel Erfahrung sammeln. Die Ausdauer, die beim Aufbau eines solchen technologieorientierten Unternehmens benötigt wird, ist schon enorm – gerade auch auf Seiten der Investoren. Ein Vorteil der halbstaatlichen Investoren ist, dass diese auch in Krisenzeiten, beispielsweise während der Finanzkrise, Ruhe bewahrten. Das war ein sehr positives Signal für unsere Kunden, die vielfach im Sicherheitsbereich tätig sind und deshalb Stabilität und Langfristigkeit benötigen. Zu den Kunden konnten wir über viele Jahre hinweg ein Vertrauensverhältnis aufbauen.

▶ Gerade in einem Start-up fehlt oft noch die Erfahrung für den Unternehmensaufbau und die Expansion. Zudem sind vielfach nicht ausreichend finanzielle Mittel vorhanden, um erfahrene Mitarbeiter einzustellen. Wie war das bei baimos?

Eine gewisse Erfahrung konnte ich selbst durch meine langjährige Tätigkeit im Projektgeschäft einbringen. Allerdings handelt es sich bei der baimos ja um Produktgeschäft und eine ganz andere Branche. Das Konzept der halbstaatlichen Risikokapitalgeber sieht deshalb vor, dass einem Start-up ein Mentor zur Seite gestellt wird. Dies sind meist Unternehmer, die selbst viel Erfahrung in Marketing, Vertrieb, dem Unternehmensaufbau und dem Unternehmensverkauf besitzen. So hatten wir Mentoren aus der Fahrzeugzulieferindustrie und der Einkaufsberatung. Mit einem Mentor kann man auch ganz praktische Dinge durchsprechen und sich Unterstützung holen. Beispiel Assistenz: Investoren scheuen grundsätzlich Personalausgaben. Ein Mentor achtet darauf, dass sich der Gründer mit den wesentlichen unternehmerischen Aufgaben beschäftigen kann und nicht nur Rechnungen kopiert. Als Konsequenz schlägt er die Einstellung einer Assistenz vor. Prinzipiell weiß man das zwar als Gründer auch, aber man kann es gegenüber den Gesellschaftern und Investoren oft nicht durchsetzen. Ein Coach oder Mentor ist hier ein guter Sparringspartner, um das richtige Maß zu finden.

Grundsätzlich geht es bei dem Coaching um Reflektieren, Meinungsbildung und das Erhalten von Feedback. Als Unternehmensgründer muss man vor allem lernen, schneller und besser zu entscheiden. Man muss lernen, dass es besser ist, die falsche Entscheidung zu treffen, als gar keine Entscheidung zu treffen. Durch alleiniges Abwarten bewegt sich nichts vorwärts. Es ist besser, eine getroffene Entscheidung nach drei Monaten zu widerrufen und sie neu zu treffen, wenn man merkt, dass es die falsche Entscheidung war. Wichtig ist auch, sich genügend Zeit und Muße für grundlegende Entscheidungen zu nehmen. Meiner Meinung nach ist eine fundierte Entscheidungsfindung nicht möglich, wenn man kontinuierlich durcharbeitet.

Mir war es immer sehr wichtig, dass uns die richtigen Mentoren zum richtigen Zeitpunkt unterstützt haben. Aber über einen Punkt muss man offen und fair sprechen: Jeder Coach hat seine Zeit. Ein Coach oder ein Mentor darf nicht länger als zwei oder drei Jahre dabeibleiben. Erstens ändert sich die Situation des Unternehmens – und zweitens erzählt er einem nichts Neues mehr.

Heute hat baimos keinen Coach mehr, sondern einen Beirat, der auch die Interessen der Gründer gegenüber den Gesellschaftern vertritt. Der Beirat unterstützt in den offiziellen Sitzungen. Später beim Abendessen werden dann die inoffiziellen Themen besprochen und Lösungen gesucht.

▶ Welche Mitarbeiter benötigen Sie bei baimos, und wie können Sie diese für Ihr Unternehmen interessieren?

Die meisten unserer Mitarbeiter kommen direkt von der Technischen Universität München, auch schon aufgrund der räumlichen Nähe. Wir stellen viele Studenten aus der Informationstechnik ein, die bei uns ihre Bachelor- und Masterarbeiten schreiben. So können wir uns gegenseitig kennenlernen. Wenn es gut funktioniert, übernehmen wir die Absolventen. Gerade im technischen Bereich haben junge Mitarbeiter viele Vorteile: Sie kennen die neuesten Technologien, haben frische Ideen, möchten vieles ausprobieren, sind sehr motiviert und fügen sich gut in ein Team ein. Zudem haben sie den Willen zur fachlichen und persönlichen Weiterentwicklung ihrer Person und des gesamten Teams. Als Unternehmen kommt man so sehr schnell vorwärts.

Es gibt jedoch auch Nachteile, wenn man der erste Arbeitgeber für junge Mitarbeiter ist: Die Mitarbeiter kennen noch nichts anderes. Sie sind noch nicht „geschliffen“ in dem Sinne, dass sie einen autoritären Chef oder eine Sekretärin erlebt haben, die sie anweisen, den gerade verlassenen Besprechungsraum aufzuräumen oder für einen Kunden ein Dokument perfekt zu formatieren. Dies muss sich erst entwickeln, hierfür muss man durchaus viel Zeit aufwenden. Diese verschiedenen Welten zu vereinbaren, bedeutet schon Arbeit.

Glücklicherweise haben wir kaum Mitarbeiterfluktuation. Wenn uns Mitarbeiter verlassen, dann meist aus persönlichen Gründen, wie etwa dem Umzug der Familie. Mir ist es sehr wichtig, dass im Team ein gutes Klima herrscht, dass sich alle gut verstehen und dass wir zusammen auch einmal feiern oder privat etwas unternehmen. Die meisten Mitarbeiter sind jetzt rund sieben Jahre bei baimos dabei. Deshalb bin ich überzeugt, dass wir von der Erfahrung und der Professionalität her gerade in der Softwareentwicklung erheblich besser sind als viele andere, mit denen wir zusammenarbeiten oder in deren Arbeit wir Einblick haben.

Als mein Mitgründer, der Kaufmann, vor einigen Jahren das Unternehmen verließ, habe ich seine Aufgaben im Wesentlichen übernommen. Zu meiner Unterstützung habe ich einen Mitarbeiter als Assistenten weiterentwickelt, der die Verantwortung für die administrativen Tätigkeiten wie die Buchhaltung und die Förderprojektleitung übernommen hat. Auf diese Weise konnte ich dem Mitarbeiter eine Chance zur Weiterentwicklung bieten. Zudem habe ich viele Tätigkeiten wie Verträge und Gesellschafterbeschlüsse an Steuerberater und Rechtsanwälte vergeben. Somit wurde ich nicht zusätzlich zu stark belastet.

Prinzipiell sind die Abläufe in unserem Unternehmen inzwischen so organisiert, dass jeder Mitarbeiter während einer Abwesenheit adäquat vertreten wird. Somit kann ich meinen Mitarbeitern weitgehende Freiheiten gewähren, was Stundenregelungen und Urlaub betrifft. Dies gilt auch für leitende Mitarbeiter. Auf diese Weise wird klar, was die Kollegen leisten und ob im Team auch alles redundant vorhanden ist. Denn das ist der Anspruch.

▶ Was treibt Sie an? Was bedeutet für Sie Erfolg?

Von der Motivation her bin ich technisch incentiviert. Mich motiviert, wenn der Kunde eine Lösung braucht, wir ihm diese liefern können und er danach zufrieden ist und die Lösung auch benutzt. Erfolg ist deshalb für mich vor allem dadurch definiert, dass das Produkt und die Vision beim Kunden Fuß fassen und funktionieren. Zudem ist mir wichtig, dass das Unternehmen von der wirtschaftlichen Seite her gut performt, dass wir jetzt so in Richtung Break-even kommen. Gerade die letzten beiden Jahre liefen gut. Wir haben die Ziele erfüllt, die wir uns vorgenommen haben. Mindestens genauso wichtig ist aber auch, dass die privaten Rahmenbedingungen passen. Es muss finanziell und zeitlich genügend Spielraum für die Familie vorhanden sein. Das hat in den letzten Jahren einen viel höheren Stellenwert bekommen.

Wichtig ist mir zudem, dass baimos nicht mehr so stark von mir selbst abhängt. Wenn das Unternehmen irgendwann einmal verkauft werden sollte, ist der Wert höher, wenn ich abkömmlich bin. Einfach, weil es nicht nur auf einer Person basiert. Mein Leben baue ich so auf, dass es mir hier die nächsten 20 Jahre gefallen würde. Aber wir sind Venture-Capital- finanziert, irgendwann wird es einen Exit geben müssen. Je nachdem, wie sich das entwickelt, bin ich weiter mit dabei oder auch nicht. Diese realistische Sichtweise habe ich auch durch die Liquidation meines ersten Unternehmens gelernt: Die eigene Firma aufzulösen und das, was man über Jahre aufgebaut hat, in zehn Ordner zu packen, hat schon einiges bewirkt. Man kann dann Entscheidungen für etwas Neues viel nüchterner treffen. Man weiß, man lebt weiter, und es ist ein Job, an dem mehr Herzblut hängt als an jedem normalen Job, aber am Ende des Tages ist es ein Job. Während meiner PPS-Zeit war meine Leistungsgrenze erreicht. Heute hat das alles eine andere Wertigkeit: Im Unternehmen kann ich besser Prioritäten setzen, das Privatleben ist wichtiger geworden. Das war ein sehr gesunder Prozess.

3.2 Was Unternehmer von Philipp Spangenberg lernen können

Spangenberg interessierte sich schon als Schüler für technische Problemlösungen und konnte durch die Teilnahme am „Jugend-forscht"-Wettbewerb erste Erfahrungen in der Produktentwicklung und der Vermarktung sammeln. Während seines Studiums war er zunächst freiberuflich, anschließend mit einem Studienkollegen im eigenen Unternehmen tätig. Das zweite Unternehmen, die baimos, trieb er anfangs als eine Art Hobby voran, entschied sich aber für dieses Unternehmen, als es eine Venture-Capital-Finanzierung erhielt.

Da Spangenberg bereits in jungen Jahren unternehmerisch tätig war, konnte er sich kontinuierlich in Richtung Unternehmertum weiterentwickeln. Hierbei wurde er auch von Coaches und Mentoren unterstützt, die ihm bei der baimos zur Seite standen. Seine Key Learnings, die seine eigene Person betreffen, sind sein Selbstverständnis als Unternehmer und die Entscheidungsfindung. Auch hinsichtlich seiner Mitarbeiter hat er einen Lernprozess absolviert. Da die baimos im Hochtechnologiebereich tätig ist, beschäftigt er vorwiegend sehr junge Mitarbeiter. Nachfolgend werden diese Erkenntnisse beschrieben, weiter ausgeführt und bei Bedarf ergänzt.

3.2.1 Zum Unternehmer reifen

Spangenberg ist nach eigener Aussage sehr technisch motiviert. Sein Ziel war es schon immer, technische Lösungen zu schaffen, die ein Problem eines Anwenders lösen und von diesem gerne genutzt werden. Seine ersten unternehmerischen Erfahrungen beruhen auf seiner Eigeninitiative, die sich durch die Teilnahme am „Jugend-forscht"-Wettbewerb und die nachfolgenden Vermarktungsversuche zeigt. Auch während seines Studiums war Spangenberg stets unternehmerisch tätig. Dies ist in der IT-Branche jedoch keine Seltenheit: Viele Personen aus dieser Branche gründen zeitgleich zu ihrer Ausbildung ein Unternehmen. Dies gilt jedoch nur für die IT-Branche, nicht für andere Branchen im Technologiebereich (Madsen et al. 2003). Eine Erklärung hierfür kann darin liegen, dass im IT-Bereich die notwendigen Qualifikationen selbst erworben werden können. Es sind keine teuren technischen Ausstattungen und auch keine Bildungsabschlüsse notwendig.

Bei seinem ersten Unternehmen, das im Projektgeschäft tätig war, sammelte Spangenberg viel Erfahrung bei Aufgaben, die in einem Unternehmen allgemein anfallen: Akquise von Kunden, Erstellung von Lösungen für die Kundenbedürfnisse, Zusammenarbeit mit dem Mitgründer, Einstellen und Führen von Mitarbeitern, Buchführung etc. Jeder Mensch lernt auf eine andere Art und Weise am besten – die einen eher durch Lesen von Büchern und Fachzeitschriften, die anderen durch Zuhören und Übungen in Seminaren und wieder andere durch Ausprobieren oder auch Gespräche mit kompetenten Personen. Vor allem die beiden letzten Punkte treffen auf Spangenberg zu: Seine Kenntnisse in der IT brachte er sich selbst bei. Für andere Themen wie etwa Steuerfragen oder den Unternehmensaufbau wandte er sich an Personen aus seinem Netzwerk. Dieses Netzwerk hat er sich durch seine studentische und berufliche Tätigkeit, aber auch durch den Sitz seines Unternehmens im Garchinger Technologie- und Gründerzentrum gate geschaffen. Dieses Gründerzentrum stellt nicht nur Räume und Infrastruktur zur Verfügung, sondern vernetzt durch Veranstaltungen und Beratungsangebote die Unternehmensgründer mit relevanten Ansprechpartnern sowie untereinander.

Ein einschneidendes unternehmerisches Ereignis war für Spangenberg die Liquidation seines ersten Unternehmens. Auf diese Weise konnte er das gesamte „Leben" seines Unternehmens von der Gründung bis zu dessen Aufgabe durchlaufen. Dies brachte ihm wertvolle Einsichten zu seinem persönlichen und unternehmerischen Selbstverständnis. Nachdem er sein Unternehmen in „zehn Ordner gepackt" hatte, konnte er seine Aktivitäten und sein Engagement mit einer gewissen Distanz betrachten. Ihm wurde klar, dass er sich nicht ausschließlich über sein Unternehmen definieren sollte und sein Dasein nicht allein von diesem abhängt. Ihm wurde bewusst, dass es andere Werte im Leben gibt und eine gewisse Work-Life-Balance langfristig der bessere Weg ist. Zudem konnte er bestimmte Fähigkeiten, wie das Treffen von Entscheidungen und das Selbstmanagement, weiterentwickeln. Den positiven Einfluss von so schmerzlichen Erfahrungen wie einer Unternehmensaufgabe bestätigt die Wissenschaft: Entrepreneure, die ihr Unternehmen aufgegeben haben, schreiben der eigenen Weiterentwicklung und der Entwicklung von Kompetenzen wie dem Selbstmanagement und der Bewältigung von Rückschlägen einen hohen Stellenwert zu (Stokes und Blackburn 2002).

Ein weiteres wichtiges Lernergebnis aus der Schließung des ersten Unternehmens war für Spangenberg die Einsicht, das Unternehmen unabhängiger von sich selbst zu gestalten. Die baimos ist heute so aufgestellt, dass jeder Mitarbeiter, auch er als Geschäftsführer, von einem anderen Mitarbeiter vertreten werden kann – und dies auch über einen längeren Zeitraum hinweg. Alle wichtigen Kompetenzen und Funktionen sind im Unternehmen redundant vorhanden. Diese Unabhängigkeit von einzelnen Personen erhöht natürlich auch den Unternehmenswert – ein Faktor, der gerade für die Venture-Capital-Geber wichtig ist.

Wichtig für die unternehmerische Entwicklung von Spangenberg waren auch die Mentoren, die ihm bei seinem zweiten Unternehmen baimos zur Seite gestellt wurden. Das Konzept vieler Venture-Capital-Geber sieht eine solche Begleitung eines Start-ups durch einen Mentor vor, da auf diese Weise der Erfolg des Unternehmens erhöht werden kann. Die Coaches sind meist erfahrene Unternehmer, die in der gleichen Branche ein Unternehmen aufgebaut haben oder langjährige Erfahrungen in bestimmten Funktionsbereichen wie Marketing, Vertrieb oder dem Einkauf besitzen. Zudem können sie vielfach ein Netzwerk mit guten Kontakten zur Verfügung stellen. Allerdings ist bei der Auswahl eines solchen Coaches nicht nur die fachliche Eignung, sondern auch dessen Einsatzwillen und Engagement für das Start-up entscheidend. Und nicht zuletzt muss natürlich auch die „Chemie" stimmen.

Coaches sind nur „Begleiter auf Zeit". Wenn der Unternehmer von ihnen nicht mehr lernen kann, sollten sie den Platz für einen anderen freimachen. Ihre Aufgaben liegen neben den fachlichen Themen auch darin, den Unternehmensgründer beim Treffen schwieriger Entscheidungen und dem Durchsetzen dieser Entscheidungen gegenüber anderen Interessengruppen zu unterstützen. Zudem geben sie als Sparringspartner Feedback und bieten dem Unternehmer die Möglichkeit der Reflexion des eigenen Verhaltens.

Die Funktion eines Coaches kann auch ein Beirat übernehmen. Einige Startups und auch Mittelständler etablieren einen Beirat, auch wenn sie dies aus gesetzlichen Gründen nicht müssen. Wie eine Studie zeigt, übernehmen Beiräte neben der Kontrollfunktion vor allem Aufgaben als Berater, Sparringspartner, Kontaktvermittler, Interessenvertreter und Konfliktlöser. Laut Meinung der befragten Unternehmen tragen Beiräte zum Erfolg bei, indem sie die Entscheidungsqualität im Unternehmen durch Empfehlungen steigern sowie die Zielorientierung, Transparenz und Nachhaltigkeit fördern (Deloitte 2010).

3.2.2 Entscheidungen schneller und besser treffen

Wie Spangenberg berichtet, war es eines seiner Key Learnings, Entscheidungen routinierter zu treffen. Dies ist gar nicht so einfach, da es sich bei einer Entscheidung im unternehmerischen Umfeld immer um eine Entscheidung unter Unsicherheit handelt. Bei dieser Art von Entscheidungen sind weder alle Entscheidungsalternativen noch deren Eintrittswahrscheinlichkeiten bekannt, noch ist Kenntnis über alle Zukunftslagen vorhanden (Read et al. 2009). In Realität kann niemand voraussehen, wie sich die wirtschaftliche Lage, die Aktienmärkte, die Kundenbedürfnisse oder auch das gesellschaftliche Umfeld konkret entwickeln werden – auch wenn zahlreiche Prognoseinstitute mit solchen Voraussagen ihr Geld verdienen.

Entscheidungen routinierter zu treffen, das bedeutet, diese besser und in der Regel auch schneller zu treffen. Das Abwarten stellt in den meisten Fällen keine Alternative dar. Allerdings sollte stets zwischen eher alltäglichen, routinemäßigen Entscheidungen und nicht oder nur schwer reversiblen Grundsatzentscheidungen unterschieden werden. Für routinemäßige Entscheidungen, wie etwa die Genehmigung von Urlaubsanträgen, sollte es gewisse Prozesse bzw. Kriterien geben, nach denen diese schnell abgewickelt werden können (z. B. das Kriterium: Anwesenheit der Vertretung im entsprechenden Zeitraum). Grundsatzentscheidungen oder Entscheidungen, die nicht oder nur mit hohem Aufwand wieder rückgängig gemacht werden können, sollten einen anderen Entscheidungsprozess durchlaufen. Bei solchen Entscheidungen handelt es sich beispielsweise um Personalentscheidungen oder die Entscheidung, in ein neues Geschäftsfeld einzusteigen. Hier kann folgende Vorgehensweise zielführend sein: Identifizierung des Problems, Suche nach möglichst vielen Entscheidungsalternativen, Abwägen dieser Entscheidungsalternativen u. a. hinsichtlich ihres Nutzens, ihres Risikos und ihrer Umsetzbarkeit, Umsetzung der Entscheidung und Nachverfolgung bzw.

Auswertung der Ergebnisse. Ein solcher Entscheidungsprozess dauert natürlich seine Zeit. Spangenberg löst dies für sich so, indem er Grundsatzentscheidungen im Urlaub trifft, d. h. in einer Zeit, in der er die Entscheidung in Ruhe durchdenken kann, ohne in das Tagesgeschäft eingebunden zu sein.

3.2.3 Mitarbeiter auswählen und führen

Ein Start-up oder junges Unternehmen beschäftigt meist nur eine überschaubare Anzahl an Mitarbeitern. Der Unternehmensgründer und diese Mitarbeiter sind in hohem Maße für den anfänglichen Erfolg eines Unternehmens verantwortlich. Nach Spangenbergs Erfahrung sind bei der Auswahl von Mitarbeitern drei Kriterien entscheidend: Vertrauen, Motivation und fachliche Kompetenz. Durch deren Berücksichtigung will er sein Ziel erreichen: Mitarbeiter, die eigenverantwortlich und selbstständig handeln.

Vertrauen entsteht erst durch längerfristige Beziehungen. Wird ein Mitarbeiter eingestellt, kann in der ersten Zeit seiner Tätigkeit seitens des Unternehmers noch kein Vertrauen vorhanden sein. Natürlich liefern Referenzen, Tätigkeiten bei renommierten Arbeitgebern und berufliche Erfolge einen gewissen Anhaltspunkt, ob einer Person vertraut werden kann oder nicht. Im Falle von Spangenberg hilft dies jedoch auch nicht viel weiter: Er stellt fast ausschließlich Mitarbeiter ein, die direkt von der Universität kommen und sich noch nicht im Beruf bewähren konnten. Hier kann ein erfahrener Unternehmer sich in gewissem Maße auf sein Bauchgefühl verlassen. Dieses beruht anfänglich auf dem Eindruck, den er von der Person bei den ersten Gesprächen gewinnt. Ratsam ist jedoch, nach der Einstellung genau darauf zu achten, ob das Vertrauen gerechtfertigt ist. Am besten wird ein neuer Mitarbeiter bei der Erfüllung seiner Aufgaben beobachtet. Hier reichen vielfach schon einige wenige Eindrücke aus.

Die Wirksamkeit des Bauchgefühls oder der Intuition vertritt der Wissenschaftler Gerd Gigerenzer. Für ihn bezeichnet Bauchgefühl ein Urteil, das rasch im Bewusstsein auftaucht, dessen tiefe Gründe nicht vollständig bewusst sind und das stark genug ist, um danach zu handeln. Beim Bauchgefühl handelt es sich um einfache Faustregeln, in der Wissenschaft auch Heuristiken genannt, die sich die evolvierten Fähigkeiten des Gehirns zunutze machen. Evolviert bedeutet in diesem Zusammenhang, dass bestimmte Tätigkeiten nach einer Zeit längeren Übens zur Fähigkeit einer Person geworden sind (Gigerenzer 2008). Deshalb liegt die Betonung im vorhergehenden Absatz auch auf dem Begriff „erfahrener Unternehmer". Denn nur ein Unternehmer, der bereits mehrere Mitarbeiter eingestellt und mit ihnen zusammengearbeitet hat, hat im Laufe der Zeit gelernt, auf was es ankommt, um das Ziel einer fruchtbaren und langfristigen Zusammenarbeit zu erreichen.

Die Motivation ist der zweite, von Spangenberg genannte Punkt. Nach seiner Meinung wird ein Mitarbeiter vor allem motiviert, wenn seine persönlichen Ziele mit den Zielen des Unternehmens in Einklang zu bringen sind. Malik bezieht dies auf die Aufgaben: Ein Mensch wächst mit seinen Aufgaben. Diese Aufgaben sollten mit der Zeit immer anspruchsvoller werden, allerdings nicht aussichtslos sein. Werden sie erfolgreich bewältigt, zieht dies eine nachhaltige Motivation nach sich, wie sie auch kein finanzieller Anreiz leisten kann (Malik 2014).

Der dritte Punkt ist die fachliche und persönliche Qualifikation. Für sein jetziges Unternehmen stellt Spangenberg nur sehr junge Mitarbeiter ein. Sie sind auf dem neuesten Stand, was die Technologien betrifft. Sie probieren gerne Dinge aus. Gleichzeitig sind sie recht flexibel und fügen sich in ein Team ein. Sie möchten sich fachlich und persönlich weiterentwickeln. Diese junge Generation an Wissensarbeitern wird im Buch „New Business Order" beschrieben: Diese Personen sind nicht nur sehr gut ausgebildet, sondern haben sich vieles selbst beigebracht – durch die Nutzung des Internets und die Interaktion mit anderen. Sie gehen selbstverständlich mit dem Wandel und mit neuen Technologien um. Sie haben ihre eigenen Erfahrungen im Selbstmanagement und der Motivation von gleichgestellten Teams gesammelt. Im Mittelpunkt ihrer Tätigkeiten steht stets die gemeinsame Wertschöpfung. So tragen sie zur Entstehung einer neuen Wirtschaftsstruktur bei (Giesa und Schiller Clausen 2014).

Spangenberg thematisiert auch die Herausforderungen, die junge Mitarbeiter mit sich bringen: Da sie noch nichts anderes kennen, nehmen sie ihre Aufgaben so wahr, wie sie es für richtig halten. Sie haben teilweise ganz andere Vorstellungen und Werte als die Kunden aus Großkonzernen. Die Einhaltung bestimmter Formalien gehört nicht unbedingt zu ihren Prioritäten. Auch bei der Zusammenarbeit im Unternehmen folgen sie anderen Regeln. Den Mitarbeitern dies bewusst zu machen und die eine oder andere Verhaltensweise anzupassen, bedeutet nach Spangenberg einen gewissen Arbeitsaufwand.

Bisher hat Spangenberg in seinem Unternehmen nur eine sehr geringe Fluktuation. Viele Mitarbeiter sind von Anfang an dabei und können nun eine mehrjährige Erfahrung in der Softwareentwicklung aufweisen. Die ist ein entscheidender Wettbewerbsvorteil. Um die Mitarbeiter im Unternehmen zu halten, bietet er ihnen weitgehende Freiheiten, was das Treffen von Entscheidungen und die Zeiteinteilung betrifft. Das Unternehmen ist so organisiert, dass längere Abwesenheiten und eine flexible Arbeitsweise, auch von leitenden Personen, möglich sind.

3.2.4 Vertrauen im Unternehmen aufbauen

In diesem Absatz wird ergänzend auf das Thema „Vertrauen in Unternehmen" eingegangen. Mit diesem Thema haben sich Fredmund Malik und Reinhard Sprenger ausführlich befasst.

In vielen Unternehmen herrscht eine Kultur des Misstrauens. Die Führung ist der Meinung, dass die Kollegen und Mitarbeiter nur ihre eigenen persönlichen Ziele verfolgen, ihre Aufgaben nicht ordentlich erledigen und die Arbeitsmittel des Unternehmens für private Angelegenheiten missbrauchen. Um dies zu verhindern, werden Kontrollsysteme im Unternehmen etabliert. Was hierbei oft übersehen wird, ist, dass die Personen, die das Unternehmen für ihre eigene Zwecke ausnutzen möchten, Wege finden werden, diese Kontrollsysteme zu umgehen, da sie einen Großteil ihrer Energie genau darauf richten. Die Mehrzahl der Mitarbeiter arbeitet jedoch ordentlich und fühlt sich durch ständige Kontrollen überwacht und gegängelt. Das schlägt sich auch in der Motivation nieder.

Sprenger hält Vertrauen für die Grundlage jeder Firmengründung, jeder Innovation und jeder Führung. Und bei Konflikten ist Vertrauen durch nichts anderes zu ersetzen. Um den Vertrauenspegel in einem Unternehmen zu erhöhen, schlägt Sprenger vor, dass die Führungskräfte den Prozess anstoßen: Sie müssen deutlich und wahrnehmbar die Kontrolle ihrer Mitarbeiter reduzieren, indem sie beispielsweise Kontrollsysteme abschaffen oder Mitarbeitern Aufgaben übertragen, die diese selbstständig bearbeiten können. Das Unternehmen sollte zudem nach der „Leitidee der Fehlerfreundlichkeit" gestaltet werden. Dies bedeutet, dass Fehler nicht gleich ganze Karrieren zerstören dürfen, sondern dass aus Fehlern gelernt werden darf. Auch auf die positiven Seiten von Fehlern ist zu achten, da durch diese auch etwas Neues entstehen kann. Allerdings schließen sich Vertrauen und Kontrolle nicht aus. Gerade bei unüberschaubaren Risiken muss die Führungskraft eine gewisse Kontrolle behalten (Sprenger 2015).

Für Malik ist gegenseitiges Vertrauen einer der Grundsätze für wirksames Management und eine Voraussetzung für das Entstehen von Motivation. Wenn Führungskräfte und Mitarbeiter darauf vertrauen können, dass Konflikte und Fehler nicht die Grundlage ihrer Zusammenarbeit erschüttern, messen sie diesen eine geringere Bedeutung bei, lernen daraus bzw. lösen sie und gehen die nächste Aufgabe an. Malik betont, dass nur eine charakterlich integre Person Vertrauen schaffen kann. Vorhersehbarkeit und Verlässlichkeit einer Führungskraft müssen im Vordergrund stehen: Sie muss das meinen, was sie sagt, und danach handeln (Malik 2014). Ein guter Ratschlag, der auch im privaten Leben viel Sinn stiften kann.

3.2.5 Tipps für Unternehmer und Unternehmensgründer

Tipps für Unternehmer

- Vertrauen, Motivation und fachliche Qualifikation sind drei Schlüsselelemente bei der Mitarbeiterauswahl.
- Für technologisch orientierte Unternehmen können sich Absolventen eignen, da diese auf dem neuesten Stand der Technik sind, gerne etwas ausprobieren und sich gut in bestehende Teams einfügen. Absolventen müssen geregelte Abläufe und Prozesse jedoch vielfach erst nahegebracht werden.
- Gerade in einer schnelllebigen Branche wie der IT sollte ein Unternehmen auf geringe Mitarbeiterfluktuation achten, um so gegenüber dem Wettbewerber einen Kompetenzvorteil aufzubauen.
- Mitarbeitern sollte Vertrauen entgegengebracht werden. Oft hilft schon ein Vertrauensvorschuss.
- Vertrauen bedeutet jedoch nicht, dass immer blind vertraut werden kann. Gerade in Bereichen mit einem hohen Risiko muss eine gewisse Kontrolle gewährleistet sein.
- Beiräte können wertvolle Unterstützung liefern.

Weitere Tipps für Unternehmensgründer

- Es ist sinnvoll, möglichst früh unternehmerische Erfahrungen zu sammeln. Dies muss aber nicht immer im eigenen Start-up sein.
- Es empfiehlt sich, frühzeitig Kontakte zu Personen zu suchen, die fehlendes Wissen liefern und Kontakte vermitteln können.
- Mentoren und Coaches können wertvolle Unterstützung beim Unternehmensaufbau und der Selbstreflexion liefern.
- Von Anfang an sollte auf eine gewisse Work-Life-Balance geachtet werden.
- Das Treffen von Entscheidungen gehört zum Kern der Tätigkeiten. Allerdings ist hierfür eine gewisse Erfahrung unabdingbar. Ein Gründer muss somit lernen, schneller und besser zu entscheiden.

Literatur

Deloitte & Touche GmbH. 2010. Beiräte im Mittelstand. Kostenloser Download unter http://www2.deloitte.com/content/dam/Deloitte/de/Documents/Mittelstand/Beiraete-im-Mittelstand.pdf. Zugegriffen: 28. Febr. 2016.

Giesa, Christoph, und Lena Schiller Clausen. 2014. *New business order. Wie Start-ups Wirtschaft und Gesellschaft verändern*. München: Hanser.

Gigerenzer, Gerd. 2008. *Bauchentscheidungen. Die Intelligenz des Unbewussten und die Macht der Intuition*, 12. Aufl. München: Goldmann.

Madsen, Henning, Helle Neergaard, und John P. Ulhøi. 2003. Knowledge-intensive entrepreneurship and human capital. *Journal of Small Business and Enterprise Development* 4:426–434.

Malik, Fredmund. 2014. *Führen, Leisten, Leben*, 3. Aufl. Frankfurt a. M.: Campus.

Nörr, Monika. 2015. Analyse der Entwicklung von Serial Entrepreneurs aus Hightech-Branchen – mit einem Schwerpunkt auf dem Human- und Sozialkapital. Dissertation. Hamburg: Dr. Kovač.

Read, Stuart, Michael Song, und Willem Smit. 2009. A meta-analytic review of effectuation and venture performance. *Journal of Business Venturing* 24 (6): 573–587.

Sprenger, Reinhard K. 2015. *Radikal führen*. Limitierte Sonderausgabe 2015. Frankfurt a. M.: Campus.

Stokes, David, und Robert Blackburn. 2002. Learning the hard way: The lessons of owner-managers who have closed their businesses. *Journal of Small Business and Enterprise Development* 9 (1): 17–27.

4 Marktnähe: Innovationen mit Mehrwert kreieren

Die neue Technologie, eine Innovation, das ist toll, aber man muss auch erklären können, wo denn der Markt und vor allem der Mehrwert dieser Neuheiten liegen.

Zusammenfassung

Innovationen beweisen sich im Markt, Erfindungen beim Patentamt. Ein innovatives Produkt oder eine innovative Dienstleistung wird nur dann vom Kunden gekauft, wenn dieser einen Mehrwert erhält. Während die Produktideen von Unternehmensgründern vielfach sehr detailliert ausgearbeitet sind, bekommen Markt und Mehrwert nur wenig Aufmerksamkeit. Und auch große Unternehmen tun sich schwer, wenn sie mit Innovationen außerhalb ihres bewährten Geschäftsbereichs erfolgreich sein wollen. Der Serial Entrepreneur Stefan Nardi-Hiebl wurde schon als Schüler zum Unternehmer. Da es damals keine Softwarelösung zum Lernen von Englischvokabeln gab, entwickelte er diese selbst und verkaufte sie ein paar Jahre später. Seitdem sammelte er vielfältige Erfahrungen durch mehrere Studiengänge und Anstellungsverhältnisse. Heute ist er wieder als eigenständiger Unternehmer tätig. Im persönlichen Gespräch berichtet er von seinem Werdegang als Mehrfachgründer und seinen Erfahrungen und Learnings.

Stefan Nardi-Hiebl, Geschäftsführer, 5med GmbH und Medpar GmbH

Stefan Nardi-Hiebl (s. Abb. 4.1) besuchte die Realschule, holte die fachgebundene Hochschulreife nach und absolvierte eine Ausbildung zum Rettungsassistenten. Er studierte Informatik an der Hochschule Regensburg

M. Nörr, *Key Learnings aus dem Serial Entrepreneurship*,
DOI 10.1007/978-3-658-13084-8_4

Abb. 4.1 Serial Entrepreneur Stefan Nardi-Hiebl. (© Stefan Nardi-Hiebl)

und schloss einen Master of Science an der London School of Economics and Political Science sowie einen MBA an der European School of Management and Technology in Berlin ab.

Nach seinen beiden Unternehmensgründungen und dem Studium wechselte Nardi-Hiebl in das Angestelltendasein. Er war acht Jahre lang bei Siemens tätig und leitete dort zuletzt die Siemens Healthcare Consulting. Anschließend leitete er für einige Jahre die UnternehmerTUM Projekt GmbH in Garching, die zusammen mit der Technischen Universität München Technologien aus der Universität ausgründet, technologieorientierte Unternehmen berät und Start-ups mit etablierten Unternehmen vernetzt und coacht.

Nardi-Hiebl hat zwei Unternehmen in der IT-Branche gegründet bzw. mitgegründet. Seine weiteren Unternehmen sind im Gesundheitswesen tätig.

Das erste Unternehmen, Steffelsoft, gründete Nardi-Hiebl während seiner Realschulzeit. Er hatte für sich selbst eine Software für das Training von englischen Vokabeln entwickelt. Zusammen mit einem Realschullehrer professionalisierte er die Software und verkaufte das Unternehmen drei Jahre später an einen deutschen Schulbuchverlag.

Das zweite Unternehmen, ResqLogic GmbH, gründete Nardi-Hiebl gemeinsam mit einem Kollegen aus dem Rettungsdienst im Jahr 1999 nach seiner Ausbildung zum Rettungsassistenten. Sie entwickelten eine Organisationssoftware für den Katastrophenschutz, die sie im Jahr 2000 an einen Konzern verkauften.

Das dritte Unternehmen wurde von Nardi-Hiebl im Jahr 2012 mit zwei Partnern zur Entwicklung eines neuen Schmerzmedikaments in Verbindung mit einer innovativen Applikationsform gegründet. Das Unternehmen ist vollständig eigenfinanziert. Nardi-Hiebl ist geschäftsführender Gesellschafter.

Ende 2014 gründete Nardi-Hiebl mit zwei Partnern sein viertes Unternehmen. Das Unternehmen verdient mit europaweiten Beratungsleistungen im Gesundheitswesen sein Geld. Nardi-Hiebl ist Geschäftsführer.

Quelle: Nörr 2015

4.1 Gespräch mit Serial Entrepreneur Stefan Nardi-Hiebl

▶ Wie und warum sind Sie zum Unternehmer geworden?

Die erste Gründung kam zustande, als ich 16 Jahre alt und vom Gymnasium an die Realschule gewechselt war. Ich hatte Zeit. Damals, im Jahr 1993, wurden die ersten Computer an Schulen installiert und Text- und Tabellenverarbeitung gelehrt. Meine Eltern hatten mir einen eigenen Computer gekauft. Da mir Textverarbeitung und Spiele zu langweilig waren, bin ich auf die Idee gekommen, für mich selbst einen Englisch-Vokabeltrainer zu programmieren – aus Büchern habe ich nie gerne gelernt. Damals gab es einige wenige Programme im Bereich Shareware, die jedoch von der Benutzerführung her sehr unkomfortabel waren und nicht den Wortschatz enthielten, den ich für die neunte Klasse benötigte.

Die Software hatte ich recht schnell entwickelt. Ein Lehrer aus einer benachbarten Realschule hat mich beim Lernen gesehen und wollte das Programm kaufen. Dies hat mich auf die Idee gebracht, mit der Software ein Geschäft zu machen. Zusammen mit dem Lehrer habe ich Kontakt zu einem Schulbuchverlag aufgenommen. Dieser war sehr interessiert und hat uns nach einigen Verhandlungen die Rechte an den Vokabeln zur Verfügung gestellt. Das nächste halbe Jahr habe ich eine professionellere Software entwickelt, der Lehrer hat den Wortschatz geliefert. Um den Vokabeltrainer zu vermarkten, habe ich mit 17 Jahren eine Firma gegründet. Das war ein tolles Erlebnis, als ich „vorzeitig geschäftsfähig" ernannt wurde. Ich erhielt vom Amtsgericht eine Urkunde, auf der steht, dass ich mit 17 Jahren voll geschäftsfähig bin. Bereits im ersten Jahr konnten wir in den beiden Realschulen einen fünfstelligen Umsatz erzielen.

Der Schulbuchverlag hat das Ganze erst einmal beobachtet, wie es auch heute noch bei einem Start-up ist. Ein großes Unternehmen sagt nicht gleich: Wir sind dabei und geben euch Kapital. Als wir im dritten Jahr einen knapp sechsstelligen Umsatz erzielten, hat uns der Schulbuchverlag gefragt, ob wir uns eine deutschlandweite Vermarktung vorstellen könnten. Da ich seitens meiner Eltern die Schule vollenden sollte, habe ich die Rechte an dem Programm und die Firma an den Schulbuchverlag verkauft.

Für mich persönlich habe ich vieles gelernt, was mir für meinen weiteren Berufsweg sehr nützlich war. Ich habe gesehen, dass man mit Engagement etwas erreichen kann. Es gibt doch diesen Spruch: „Erfolg hat drei Buchstaben: Tun". Das war für mich das Wesentliche: Wenn man etwas tut, wenn man die Initiative überlegt ergreift, dann erreicht man etwas. Das war für meine persönliche Entwicklung sehr wichtig.

- Nachdem Sie die Software zunächst für den Eigenbedarf entwickelt hatten, haben Sie dann später den Markt einbezogen?

Wir hatten sehr viele Rückmeldungen von Kunden. Am Anfang hat mit rund 150 Lizenzen im Markt nicht alles hundertprozentig funktioniert. Vor allem mit unseren damaligen, nicht professionellen Supportstrukturen. Ich habe auf jedes Kundenfeedback reagiert und auch einzelne Kundenwünsche umgesetzt. Später, als die Anzahl der Installationen immer weiter zunahm, habe ich gelernt, dass man hier durchaus eine Auswahl treffen muss.

Aufgrund eines Kundenwunsches habe ich unsere Software frühzeitig auf Windows umprogrammiert, da dieses Betriebssystem damals im Kommen war. Dies war natürlich attraktiv für den Schulbuchverlag als Käufer unserer Software.

- Warum haben Sie das zweite Unternehmen gegründet?

Nach dem Verkauf des Vokabeltrainers habe ich die Schule vollendet und eine Ausbildung zum Rettungssanitäter absolviert, da ich in der Zwischenzeit meine Liebe zur Medizin entdeckt hatte. Nebenbei war ich ehrenamtlich beim Bayerischen Roten Kreuz aktiv, bin dort Rettungsdienst gefahren und habe im Katastrophenschutz gearbeitet. Mit 22 Jahren war ich einer der organisatorischen Einsatzleiter des Katastrophenschutzes für den Landkreis Regensburg. Damals wurden die Einsätze noch mit Papier und Bleistift koordiniert. Das hat aber nicht richtig funktioniert, wir mussten deshalb beispielsweise bei einem Großschaden etwa 50 Fahrzeuge und 150 Helfer „händisch" koordinieren. Zusammen mit einem Kollegen vom Malteser Hilfsdienst habe ich überlegt, wie wir diese Arbeit vereinfachen könnten. Damals, so um das Jahr 1998, etablierte sich gerade das Datenfunknetz Modacom, zudem waren bezahlbare Notebooks mit guter Leistung erhältlich. Unsere Idee war, eine Software zu schaffen, die einen zielgerichteten und schnelleren Einsatz der Ressourcen erlaubte.

Bevor wir angefangen haben zu programmieren, haben wir uns zuerst einmal den Markt angesehen – das hatte ich ja aus meinem ersten Unternehmen gelernt. Wir fragten uns: Was gibt es denn schon? Ist überhaupt Bedarf vorhanden? Wo können wir Mehrwert schaffen? Da der Katastrophenschutz staatlich organisiert ist, haben wir den damaligen Innenminister Günther Beckstein in Regensburg auf einem Vortrag angesprochen. Bei einem Termin im Innenministerium konnten wir unsere Idee vorstellen und diskutieren. Über einen Notarzt aus Regensburg erhielten wir weitere Kontakte zu den Ministerien in Berlin und Nordrhein-Westfalen. Nach einer Evaluationsphase von rund acht Wochen hatten wir folgende Erkenntnisse gewonnen: Es besteht Bedarf bei den Anwendern. Die Kunden, die Innenministerien, wären wohl zu einer Finanzierung bereit. Wir können unsere Idee auch umsetzen, da wir uns im Katastrophenschutz sehr gut auskennen und ich die Software programmieren kann.

Ich habe mir dann ein Jahr Auszeit genommen und das Kapital des ersten Unternehmens zur Finanzierung verwendet. Mein Kollege und ich haben ein halbes Jahr lang nur entwickelt und programmiert – das waren teilweise 24-h-Tage. Die Software konnten wir durch die Unterstützung des Ministeriums am Flughafen München testen. Der Flughafen hätte eine Lizenz der Software gekauft, uns fehlte aber wieder die Hülle, das Unternehmen. Wir haben die ResqLogic GmbH gegründet und sind selbst in die Vermarktung eingestiegen. Nach dem Verkauf einiger Lizenzen haben wir schnell erkannt, dass wir einen Businessplan und Personal benötigen, um die Firma richtig aufzustellen. Wir ließen uns von einer staatlichen Stelle beraten, erhielten aber hier nicht die Unterstützung, die wir uns erhofft hatten. Nach einigem Hin und Her kam in der Boomzeit der Dotcom-Bubble ein Anruf von einem IT-Ableger eines deutschen DAX-Konzerns. Sie hatten sich im Bereich Einsatzleitsysteme neu aufgestellt und waren sehr interessiert an unserem Produkt. Kurz darauf hat man unser Produkt gekauft.

Für uns war der Verkauf schon eine schwierige Entscheidung, da wir einen Markt sahen und auch emotional sehr an dem Produkt hingen. Andererseits hatten wir auch die Schwierigkeiten erkannt: Wir hätten sehr stark in das Risiko gehen müssen, um Vertriebsressourcen aufzubauen. Zudem stellte sich die Frage nach dem nächsten Produkt und der Weiterentwicklung des Unternehmens. Wir deckten einen damals vielleicht 3 Mio. EUR großen Nischenmarkt in Deutschland ab. Lässt sich hierauf unsere Existenz für die nächsten drei bis fünf Jahre bauen? Mein Kollege hatte einen festen Job im öffentlichen Dienst in der Rettungsleitstelle, er hätte anfangs in Teilzeit gehen können. Ich hatte damals keinen Job, das Studium stand mir noch bevor.

Zudem war das Angebot gut, sodass wir im Januar 2000 verkauft haben. Im Nachhinein gesehen war der Zeitpunkt zu früh. Nach dem 11. September 2001 wurde wieder sehr viel Geld in den Zivilschutz investiert. Hätten wir die Software erst 2002 oder 2003 verkauft, wäre der Verkaufspreis sicher höher gewesen. Aber das weiß man halt nicht. Aus heutiger Sicht war es aber damals die richtige Entscheidung.

▶ Nach diesen beiden Unternehmensgründungen haben Sie eine Anstellung bei einem Konzern angenommen. Konnte dieser von Ihren Erfahrungen als Unternehmer profitieren? Was haben Sie selbst bei dem Konzern gelernt?

Nach meinem Studium bin ich zu Siemens Healthcare Consulting in die Beratung im Gesundheitswesen gegangen. Ich bin der Auffassung, dass große Unternehmen Berufsanfängern eine Fülle an Wissen und Möglichkeiten bieten, was kleine Unternehmen nicht leisten können. Aber jeder muss hier selbst seine Präferenzen setzen.

Zuerst arbeitete ich in Erlangen, dann in New York. Von 2010 bis 2012 war ich für das Beratungsgeschäft verantwortlich. Dass ich die Leiter sehr schnell hochgeklettert bin, war sicherlich auch auf meine unternehmerische Erfahrung zurückzuführen: Auch in einem Großkonzern kann man unternehmerisch denken! Und ich hatte das große Glück, dass meine Vorgesetzten dies – und auch andere Blickwinkel – zu schätzen wussten, was sicher nicht üblich ist.

Beispiel unternehmerisches Handeln: Als wir damals die Software für den Katastrophenschutz programmierten, haben wir uns ein Jahr lang selbst finanziert. Wir mussten uns bei jeder Ausgabe fragen, ob wir in dieser Höhe auch Verkäufe tätigen können. Dies gilt ebenso für einen Konzern. Hier müssen für jede Ausgabe wieder Einnahmen stehen – also dieses Denken, dass das Geld nicht vom Himmel fällt. Jede Ausgabe muss verdient werden.

Beispiel Innovationen: Ich habe viel gesehen, hatte alleine während des Informatikstudiums acht Werkstudentenstellen in verschiedensten Funktionen und Branchen. Dies fördert die Fähigkeit und die Bereitschaft, den Blick über den Tellerrand zu wagen und auch mal über fünf Ecken zu denken. Es hilft auch zu lernen, dass man von sich selbst nicht auf andere schließen darf und man die

Meinungen anderer, auch wenn sie unbequem sind, in die eigene Entscheidungsbildung einbeziehen muss. Hier wird einem einfach ein Spiegel vorgehalten. Dies führte bei mir zum Eingestehen und zur Akzeptanz, dass ich auch Fehler mache, jedoch daraus lerne.

Denn was ich ebenso beim Konzern gelernt habe, ist, dass man die Leute überzeugen muss und „mitnimmt". Das fiel mir nicht immer leicht und war ein Lernprozess. In so einem Riesentanker mit 400.000 Mitarbeitern muss man seine Ideen verkaufen und richtig positionieren. Ebenso habe ich dort mitbekommen, wie wichtig zielorientiertes Arbeiten ist: Ich hatte wirklich das große Glück, Chefs zu haben, die Kreativität gestatteten, aber auch fokussiert waren. Wenn Sie die Fragen „Was ist die Zielsetzung? Was bringt es uns?" jahrelang hören, dann haben Sie das irgendwann in Ihr Denken integriert.

Nach acht Jahren bei Siemens bin ich aus privaten Gründen nach München gegangen und habe bei der UnternehmerTUM die Leitung der Projekt GmbH übernommen. Dort habe ich Beratung und Coaching gemacht und geholfen, das Gründerzentrum zu professionalisieren. Zusammen mit zwei Kollegen, die ich von Siemens Healthcare mitgebracht hatte, haben wir zum einen Unternehmen bei ihren Innovationsprozessen begleitet, waren aber auf der anderen Seite auch selbst wieder unternehmerisch tätig: Wir konnten unsere eigenen Erfahrungen in die Start-ups mit einbringen. Wir kennen die Konzernsicht und wissen, glaube ich, ganz gut, warum große Konzerne mit den Start-ups oder kleinen Unternehmen Schwierigkeiten haben. Wir verstehen aber auch die Kleinen, das haben wir ja selbst mitbekommen, und können so die Brücke schlagen. Gerade bei der UnternehmerTUM habe ich jedoch viele Businesspläne gesehen, die zwar von der Technologie her perfekt waren, aber den Mehrwert und den Markt nicht schlüssig begründen konnten.

- Es hat Sie aber doch gereizt, selbst wieder ein Unternehmen zu gründen. Wie haben Sie hier einen geeigneten Markt identifiziert?

Der Kitzel, selbst noch einmal etwas zu machen, war immer da. Für mich war klar, dass der nächste Schritt nicht mehr zwangsläufig in einen Konzern, sondern in ein eigenes Unternehmen führt. Aufgrund meiner Berufsausbildung im Gesundheitswesen und meiner langjährigen Tätigkeit bei Siemens Healthcare kenne ich mich im Gesundheitswesen recht gut aus. Der Markt ist sehr groß und wächst jährlich. Meiner Meinung nach gibt es dort zwei große Treiber für Geschäftspotenzial: Das ist einerseits das Neue. Viele Mechanismen und Wirkstoffe gegen Krankheiten sind noch unbekannt oder liegen nur als wissenschaftliche Forschungsergebnisse vor. Diese in die Anwendung zu bringen, bietet das Potenzial für Innovationen im Pharmazie- und Technologiebereich. Andererseits müssen die Kosten im Gesundheitswesen dringend gesenkt werden, aber bitte nur so, dass die Qualität nicht leidet. Dies ist häufig nur durch Prozessinnovationen möglich.

Eines unserer neuen Unternehmen setzt genau an diesen beiden Punkten an: Wir entwickeln eine neue Darreichungsform für ein Schmerzmedikament, das nach einer Operation verabreicht wird. Die Innovation liegt hier insbesondere in der Methode, das Medikament in dieser Darreichungsform in Kombination mit einer neuen Technologie in den Körper zu bringen. Es handelt sich daher nicht nur um ein Produkt, sondern um ein Lösungskonzept. Durch unsere Lösung wird sowohl medizinisch die postoperative Schmerztherapie optimiert als auch die Kosten für das Krankenhaus gesenkt. Das schafft Mehrwert.

▶ Wie schätzen Sie die Rolle eines Netzwerks für den Erfolg von Innovationen ein?

Für die Etablierung eines Produkts auf dem Markt braucht man immer gewisse Türöffner. Hier spreche ich das Netzwerk an, ohne das es nicht geht. Bei meinem ersten Unternehmen hatte der Lehrer das Potenzial des Vokabeltrainers erkannt. Bei meinem zweiten Unternehmen wurden uns von dem Notarzt wichtige Erstkontakte vermittelt, ohne die wir unsere Idee wohl aufgegeben hätten. Das waren jedoch eher noch Zufälle ohne wirklich systematische Kontaktaufnahme.

Es ist einfach elementar wichtig, sich ein Netzwerk in dem Markt aufzubauen, in dem man tätig sein will. Meine Priorität liegt heute bei qualitativ hochwertigen, aber einer überschaubaren Anzahl an Kontakten, die später meine Kunden oder, noch besser, die Kunden meiner Kunden sein werden. Ich bin überzeugt, nur so schnell eine faire und qualifizierte Rückmeldung auf Ideen oder auch zu Prototypen zu erhalten, um Fehlinvestitionen oder Fehlentwicklungen frühzeitig zu erkennen und zu korrigieren.

Dabei achte ich schon darauf, nicht nur „Ja-Sager" im Netzwerk zu haben. Vor allem Querdenker und kritische Stimmen sind mir wichtig. Ich finde, im kon-struktiven Diskurs wächst die eigene Entscheidungsfindung – die Betonung liegt auf „konstruktivem Diskurs". Aber leider ist es schwierig, diese Personen zu finden.

▶ Was würden Sie einem größeren Unternehmen bzw. einem Konzern empfehlen, der innovative Produkte auf dem Markt etablieren möchte?

Meiner Erfahrung nach besitzen Unternehmen in ihren bisherigen Kerngeschäftsgebieten und Kerntechnologien oftmals eine sehr hohe Kompetenz in der Entwicklung technologisch hervorragender Produkte, die auch mit Markterfolg einhergehen. Wenn es aber etwas Neues außerhalb des bisherigen Erfahrungsschatzes sein soll, wird es schon schwierig. Neben vielen anderen Faktoren liegen die Hindernisse meiner Meinung nach mehr im Selbstverständnis und den Strukturen eines Konzerns. Hätte ich heute die Möglichkeit, in einem Großunternehmen drei Elemente zu fördern, um innovative Produkte und die notwendige Kreativität voranzutreiben, wären dies folgende:

Erstens: Risikobereitschaft fördern. Eine Innovation auf den Markt zu bringen, bedeutet stets ein hohes Risiko – vor allem in Bereichen, die man selbst nur vage kennt. Die Unternehmenskultur sollte deshalb so gestaltet sein, dass auch Fehlschläge akzeptiert werden. Risiko einzugehen bedeutet ja nicht, mit geschlossenen Augen in das Verderben zu laufen. Aber es ist möglich, die Kriterien zur Risikoabschätzung derart zu gestalten, dass man sich Fehler erlauben darf, ohne dass diese sich gleich negativ auf die Karriere auswirken.

Zweitens: Incentivierungsstrukturen ändern. Solange im Kerngeschäft gute Margen verdient werden, ist meine Erfahrung, dass viele Manager davor zurückschrecken, das Risiko einzugehen, innovative Produkte mit ungewissem Ausgang zu entwickeln. Denn es gibt halt oft keinen Bonus für Leistungen, die heute erbracht werden, deren Früchte jedoch erst in der Zukunft geerntet werden. Oder auch das andere Extrem: Es werden Innovationen entwickelt und Geld investiert, ohne diese valide, kritisch und vor allem objektiv geprüft zu haben. Dies betrifft auch die Übernahme von Verantwortung, selbst wenn man eine Position verlassen hat – sicher ein viel diskutiertes Thema.

Drittens: Einstellungspolitik anpassen. Ich bin überzeugt davon, dass die Einstellungspolitik in Deutschland nach wie vor zu konservativ ist. Querdenker, Personen, die unternehmerische Fehlschläge erlebt haben, oder auch Personen ohne einen geradlinigen Lebenslauf haben es auch heute noch schwer, eine Anstellung in einem Konzern zu finden. Kleine Unternehmen und der Mittelstand sind da schon weiter. Es ist ohne Zweifel schwieriger, diese Personen in das Sozialgefüge eines Großunternehmens zu integrieren, aber oftmals sind genau diese neuen Kolleginnen und Kollegen am ehesten dazu fähig, alte Denkstrukturen aufzubrechen, Ideen zu generieren und daraus innovative Produkte zu entwickeln.

Alle drei Elemente betreffen vor allem die Unternehmenskultur. Ich denke, dass sich in vielen großen Unternehmen das Topmanagement dessen schon bewusst ist und aktiv Veränderungen initiiert. Aber die Umsetzung und Akzeptanz werden zum einen nicht von heute auf morgen gehen, zum anderen zweifle ich oft auch an der Ernsthaftigkeit und dem Durchsetzungswillen – denn es ist ein Paradigmenwechsel notwendig. Und Paradigmenwechsel heißt nicht, ich bastle mir für das Image mal eine neue Hochglanzbroschüre mit tollen Aussagen. Dieser Paradigmenwechsel ist vor allem auch ein Risiko und bedeutet harte Arbeit.

- Was treibt Sie an? Was bedeutet für Sie Erfolg?

Ich bin einfach neugierig und überlege oft, was und warum man etwas besser machen könnte – um dann zu lernen, dass viele kluge Leute sich darüber bereits schon Gedanken gemacht haben, es jedoch für eine Lösung keinen Markt gibt oder die Umsetzung (noch) zu kostspielig ist. Ich lerne durch diesen Prozess sehr viel, das macht mir Spaß.

Wenn sich daraus ein Geschäft entwickeln lässt, wunderbar. Es wäre gelogen, würde ich sagen, dass dann der finanzielle Erfolg kein Treiber ist. Es ist aber nicht der wichtigste: Ich finde es einfach toll, wenn man nach langer, harter Arbeit sein Produkt, seine Lösung, seinen Service im Markt akzeptiert sieht und Kunden sich über den für sie geschaffenen Mehrwert freuen und positiv davon berichten.

4.2 Was Unternehmer von Stefan Nardi-Hiebl lernen können

Nardi-Hiebl ist ein Serial Entrepreneur mit einem eher unkonventionellen Lebenslauf, sowohl was seine Ausbildung als auch seine berufliche Karriere betrifft. So gründete er bereits während der Schulzeit bzw. vor seinem Studium zwei Unternehmen im IT-Bereich. Diese konnte er erfolgreich verkaufen. Nach dem Studium und zwei Anstellungsverhältnissen ist er nun wieder mit zwei eigenen Unternehmen in der Gesundheitsbranche tätig – einer Branche, die er durch seine Ausbildung und seine Anstellung schon vor diesen Unternehmensgründungen intensiv kennenlernen konnte.

Nardi-Hiebl kombiniert seine Learnings aus den eigenen Unternehmen mit denen aus der Anstellung. Seine Schlüsselerkenntnis betrifft die Schaffung von Mehrwert für den Kunden: Nur wenn ein Produkt, eine Technologie oder eine

Dienstleistung dem Kunden einen Vorteil gegenüber bestehenden Lösungen bringt, wird er diese kaufen und benutzen. Voraussetzungen für die Schaffung von Mehrwert sind vor allem eine genaue Marktkenntnis, die Identifizierung von Innovationstreibern und das gezielte Aufbauen von Netzwerken. Nardi-Hiebls Erfahrungen im Großkonzern führen zu weiteren Erkenntnissen, wie sich dort die Innovationsfähigkeit verbessern ließe. Nachfolgend werden diese Learnings beschrieben und weiter ausgeführt.

4.2.1 Den Markt genau kennen

Da Nardi-Hiebl schon in jungen Jahren seine ersten beiden Unternehmen im IT-Bereich gründete, konnte er frühzeitig Erfahrungen in der Produktentwicklung, der Verhandlung mit Partnern, der Berücksichtigung von Kundenwünschen und der Gründung von Unternehmen sammeln. Die erste Gründung entwickelte sich aus seinem unmittelbaren, eigenen Bedarf heraus, Englischvokabeln am PC zu lernen. Da es keine Lösung gab, entwickelte er selbst eine. Er war also sein erster Kunde. Der externe Kunde mit seinen Bedürfnissen kam erst ins Spiel, als Nardi-Hiebl bereits einige Lizenzen verkauft hatte und Änderungswünsche an ihn herangetragen wurden. Er entwickelte schnell ein Gefühl dafür, welche Kundenwünsche er erfüllen und welche er ablehnen sollte. Vorausschauend agierte er, als er frühzeitig eine Windows-Version seines Vokabeltrainers programmierte, nachdem ihm bewusst geworden war, dass Windows auf dem Vormarsch war. Dies führte auch zu einer höheren Attraktivität für den Käufer seines Unternehmens.

Beim zweiten Unternehmen gingen er und sein Kollege aufgrund der Erfahrungen geplanter vor, was den Markt und den Kundenbedarf betraf. Sie nahmen mit einigen potenziellen Kunden Kontakt auf, stellten ihre Ideen vor und achteten darauf, dass das Produkt den Kunden auch wirklich einen Mehrwert bringen würde. Erst als sie sich in diesen Punkten relativ sicher waren, begannen sie mit der Umsetzung und der Programmierung. Auf diese Weise konnten sie schnell eine verkaufsfähige Softwarelösung entwickeln und diese auch bei einem ersten Kunden testen. Bei der Entscheidung, ob sie ein Unternehmen mit eigener Vermarktung aufbauen oder die Software mit allen Rechten an ein anderes Unternehmen verkaufen sollten, wogen sie die Alternativen gegeneinander ab. Sie entschieden sich für den Verkauf, für Nardi-Hiebl stand die Option des Studiums im Vordergrund.

Die Entscheidung, ein Unternehmen aufzubauen oder aufzugeben, betrifft stets die subjektive Einschätzung von Alternativen. Unter Umständen gibt ein

Entrepreneur auch ein erfolgversprechendes Unternehmen auf, wenn er attraktivere Alternativen in Aussicht hat. Diese Alternativen, sog. „Real Options“, schafft er sich selbst, indem er vorab Unsicherheiten abschätzt und Investments vollzieht. So kann etwa eine kleine Investition die Informationen hervorbringen, die notwendig sind, um zu wissen, ob es sinnvoll ist, größere Summen zu investieren und hiermit Mehrwert zu generieren. Das Gründen mehrerer Unternehmen kann auch das Resultat des Erprobens von Geschäftschancen sein, d. h. der Schaffung von Real Options. Dies ist Inhalt der Real Options Theory (McGrath 1999).

Um seine Optionen noch stärker auszuweiten, entschied sich Nardi-Hiebl nach seinem Studium für eine Anstellung bei Siemens. Er wollten weiter lernen und nahm an, dass er gerade in einem großen Konzern aufgrund der Vielfalt der Aufgaben und der Strukturen Neues kennenlernen könnte. Durch seine Arbeit bei Siemens Healthcare Consulting und die spätere Leitung dieses Bereichs konnte er sein Wissen im Gesundheitswesen vertiefen, das er sich zuvor durch seine Ausbildung als Rettungssanitäter und sein ehrenamtliches Engagement bei Malteser angeeignet hatte. Zudem lernte er die systematische Analyse des Kundenbedarfs und den zielorientierten Ansatz, stets Mehrwert für den Kunden zu schaffen. Er erkannte, dass der Gesundheitsmarkt auch für die Zukunft gute Wachstumschancen bietet, da eine alternde Bevölkerung mehr Gesundheitsleistungen benötigt. Lagen die Krankheitskosten im Jahr 2008 bei den unter 30-Jährigen bei durchschnittlich rund 1200 EUR pro Person und Jahr, betrugen diese bei den über 85-Jährigen knapp 15.000 EUR. Zudem waren die Gesundheitsausgaben pro Kopf von 2003 bis 2012 für stationäre Behandlungen um 35 % auf knapp 1400 EUR gestiegen, für ambulante Behandlungen um 31 % auf gut 1800 EUR (BMWi 2015).

4.2.2 Innovationstreiber identifizieren, Innovationen kombinieren

Das Marktwissen und seine Netzwerke im Gesundheitswesen halfen Nardi-Hiebl auch bei der Identifizierung der innovativen Geschäftsideen für seine heutigen Unternehmen. Er setzt auf zwei große Markttreiber im Gesundheitswesen und kombiniert diese zu einer Lösung: Produktinnovationen in Form neuer Technologien und Anwendungsmöglichkeiten sowie Prozessinnovationen in Form von Verfahren zur Kostensenkung.

Innovationen sind mehr als nur eine gute Idee: Echte Innovationen erzielen in den Köpfen der Kunden einen Nutzenvorteil gegenüber den bisher am Markt bekannten Lösungen. Sie setzen an einem Kundenbedürfnis an, werden für den konkreten Markt zugeschnitten und führen zu Mehrgeschäft. Für den Erfolg einer Innovation ist der Kunde der Maßstab. Dieser sollte also in den Innovationsprozess einbezogen werden – die Spannweite reicht von der Befragung bis hin zur gemeinsamen Entwicklung mit den Kunden (Scheuss 2008).

Unterschieden werden in der Regel Produktinnovationen (hierzu gehören auch Technologie- und Dienstleistungsinnovationen), Prozessinnovationen und Innovationen des Geschäftsmodells.

Bei Produktinnovationen handelt es sich um neue Produkte und Technologien, die markt- und kundengerichtet sind. Diese können in Form von inkrementellen Innovationen auftreten, indem bestehende Produkte kontinuierlich verbessert und weiterentwickelt werden. Ein Großteil der Innovationen von etablierten Unternehmen, seien es Großunternehmen oder der Mittelstand, beruht auf diesen inkrementellen Entwicklungen. Eine Weiterentwicklung erfolgt hier in kleinen Schritten. Oder es handelt sich um sog. disruptive Innovationen. Dies sind Produkte und Technologien, die es vorher noch nicht auf dem Markt gab, die eine ganz andere Nutzung durch den Kunden nach sich ziehen und auch das Umfeld verändern (s. Abschn. 5.1 Gespräch mit Serial Entrepreneur Maximilian Eck). Es erfolgt ein Innovationssprung, der vielfach den Aufbau von neuen Kompetenzen und Ressourcen erfordert, was in einem bestehenden Unternehmen oft nur schwer umsetzbar ist.

Eine andere Art von Innovationen sind Prozessinnovationen. Hierbei geht es darum, Prozesse zu vereinfachen bzw. so zu ändern, dass ein bestimmtes Gut kostengünstiger produziert werden kann. Ziel von Prozessinnovationen sind die Kostensenkung und die Steigerung der internen Effizienz (Hauschildt und Salomo 2011). Die herkömmliche Definition von Prozessinnovationen betrifft somit das innovierende Unternehmen selbst. Zu unterscheiden hiervon sind Prozessinnovationen, welche die Prozesse des Kunden optimieren.

Das Gesundheitswesen bietet eine Vielfalt an Möglichkeiten für Innovationen – seien es inkrementelle und disruptive Innovationen oder auch Prozessinnovationen. Gerade Erkenntnisse, die zu disruptiven Innovationen führen können, liegen jedoch vielfach nur als Forschungs- und Entwicklungsergebnisse aus der Wissenschaft vor. Der Weg zu einem marktfähigen Produkt ist weit, wie es auch die Aussagen der Serial Entrepreneure Jenne und Stadler belegen (s. Abschn. 2.1 Gespräch mit Serial Entrepreneur Dr. Andreas Jenne; s. Abschn. 6.1 Gespräch mit Serial Entrepreneur Dr. Herbert Stadler). Eine Kombination von Produkt- und Prozessinnovationen kann zu einem Angebot führen, das auf dem Markt einzigartig ist und vom Wettbewerb auch nicht so leicht kopiert werden kann. Nardi-Hiebl entwickelt mit einem seiner Unternehmen ein neues Lösungskonzept für die Schmerztherapie nach einer Operation. Die Innovation liegt hier in der Methode, das Medikament in einer neuen Darreichungsform in Kombination mit einer neuen Technologie in den Körper zu bringen. Durch diese Lösung wird die postoperative Schmerztherapie optimiert, zudem werden die Kosten für das Krankenhaus gesenkt. Eine solches Konzept schafft nach Nardi-Hiebls Worten Mehrwert.

4.2.3 Von einem Netzwerk profitieren

Um Produkte und Dienstleistungen nahe am Markt zu entwickeln, ist ein Netzwerk notwendig, das ein frühzeitiges Feedback gewährleistet. Nardi-Hiebl wählt für sich den Ansatz eines Netzwerks mit wenigen, aber dafür gezielt ausgesuchten Personen und Institutionen, die später einmal seine Kunden oder die Kunden seiner Kunden sein werden. Ein solches direktes Feedback kann er nur von Personen außerhalb seines Unternehmens erhalten. Hiervon verspricht er sich, die Produktentwicklung von Anfang an in die richtige Richtung zu lenken. Auf diese Weise kann er seine Ressourcen effizient einsetzen und auch die Zeit der Produktentwicklung reduzieren. Nardi-Hiebl setzt somit auf ein eher geschlossenes Netzwerk, in dem Vertrauen herrscht und eine offene, teilweise auch kritische Kommunikation stattfinden kann (Coleman 1988).

Je nach Geschäftsfeld und Phase der Produktentwicklung sind jedoch auch andere Arten von Netzwerken sinnvoll. Dies muss jeder Unternehmer für sich selbst entscheiden. Wie eine Analyse von über 50 Netzwerkstudien zeigt, tragen Netzwerke zwar signifikant zum Unternehmenserfolg bei, es ist jedoch nicht klar, in welcher Phase sich welches Netzwerk eignet (Stam et al. 2014). Gerade bei einer Unternehmensgründung oder auch dem Eintritt in ein neues Geschäftsfeld kann ein Netzwerk mit sog. „Structural Holes" sinnvoll sein. Diese „strukturellen Löcher" erlauben den gezielten und schnellen Informationsfluss auch über die Netzwerkgrenzen hinweg. Ein Netzwerk mit strukturellen Löchern bindet viele verschiedene Personen ein, die über unterschiedliche, nicht redundante Informationen verfügen. Es sollte ein sog. Gatekeeper identifiziert werden, d. h. eine Person, die einem Unternehmer den Zugang in neue Bereiche ermöglichen kann (Burt 1992).

Obwohl die persönliche Sympathie ein Faktor ist, der die Vertrauensbildung in einem Netzwerk erleichtert, sollte auf diese kein zu großer Wert gelegt werden. Hierfür gibt es zwei Gründe: 1) Personen, die einem sympathisch sind, haben oft einen ähnlichen Hintergrund sowie ähnliche Ansichten und Wertvorstellungen.

Gerade beim Vordringen in neue Gefilde sind jedoch konträre Meinungen von einem hohen Wert, solange sie in konstruktiver Form vorgebracht werden. In der Diskussion ergeben sich vielfach neue Gesichtspunkte, an die zuvor keiner gedacht hat. Gerade durch Meinungsverschiedenheiten werden neue Ideen und Problemlösungsmöglichkeiten generiert. Hierfür eignen sich vor allem Personen, die auch über den Tellerrand blicken können und nicht in ihrer Meinung festgefahren sind, also Querdenker. 2) Es gibt Personen, die als „Türöffner" agieren und ohne die ein Unternehmer nicht erfolgreich sein kann – seien es Schlüsselkunden, produktentscheidende Lieferanten oder auch Persönlichkeiten in Politik und Verwaltung. Hält man zu diesen Personen keinen Kontakt, weil sie einem unsympathisch sind, wird einem kein Zugang in diese Bereiche gewährt. Hier muss jeder selbst entscheiden, ob und inwiefern er solche Kontakte schließt – aus unternehmerischer Sicht ist die Notwendigkeit jedoch klar vorhanden.

Ein Netzwerk sollte auf alle Fälle sehr sorgfältig aufgebaut und gepflegt werden. Wenn sich der Geschäftszweck des Unternehmens ändert oder ein neues Unternehmen gegründet wird, muss sich in der Regel auch das Netzwerk wandeln. Nur so können die Nachteile eines hohen Ressourcenaufwands und die „Eingeschlossenheit" in einem Netzwerk verhindert werden. Diese Eingeschlossenheit kann dazu führen, dass ein Unternehmer in seinen alten Geschäftsfeldern und Beziehungen verharrt, auch wenn diese kontraproduktiv sind (s. Abschn. 6.1 Gespräch mit Serial Entrepreneur Dr. Herbert Stadler).

Zudem muss darauf geachtet werden, sich in nur wirklich relevante Netzwerke zu integrieren. Dazu müssen gezielt diejenigen Personen gesucht werden, die bei der Gründung und dem Aufbau des Unternehmens Unterstützung leisten können. Gerade Unternehmensgründer nehmen vielfach an beliebig vielen Netzwerken teil und hoffen, ihren Mangel an Know-how, finanziellen Mitteln oder Kunden durch Beziehungen zu einflussreichen Personen zu kompensieren (Brüderl et al. 2007). Dies kann in gewissem Grade schon funktionieren, setzt aber die Identifikation der Schlüsselpersonen voraus. Dies ist in der Praxis gar nicht so einfach. Gleichzeitig ist darauf zu achten, dass ein Netzwerk auf Geben und Nehmen basiert. Es sind gegenseitige, sog. reziproke Beziehungen notwendig. Sonst kommt sich eine Seite schnell ausgenützt vor.

4.2.4 Innovationskraft großer Unternehmen erhöhen

Die meisten Manager wissen, dass sie neue Märkte erschließen müssen. Die Erfordernisse des Kerngeschäfts gehen jedoch in der Regel vor. Tushman et al.

haben herausgefunden, dass Unternehmen sich besonders gut entwickeln, wenn die Führungsspitze für das Spannungsfeld zwischen Alt und Neu direkt verantwortlich ist und beide Bereiche in einem konstruktiven Wettbewerb zueinander stehen. Die Autoren empfehlen Unternehmen drei Prinzipien, um das Neue mit dem Kerngeschäft zu vereinbaren: 1) Die gesamte Führungsmannschaft sollte für zukunftsweisende strategische Ziele gewonnen werden. Hierfür muss eine übergeordnete Identität bzw. Vision entwickelt werden. 2) Konflikte zwischen dem Kerngeschäft und innovativen Projekten sollten in der Unternehmensspitze und nicht in den unteren Ebenen ausgetragen werden. 3) Es sollte eine gewisse Uneinheitlichkeit in der Unternehmenskultur gepflegt werden, indem unterschiedliche oder sogar konkurrierende Ziele festgelegt werden. So könnten als Maßstab für etablierte Bereiche der Gewinn und die Disziplin, für Pioniere das Durchführen von Experimenten angelegt werden (Tushman et al. 2011). Unternehmen sollten also gleichzeitig das Bewährte und das Neue berücksichtigen. Dies ist möglich, indem sie zwischen „exploit“ and „explore“[1] pendeln, d. h. Abläufe professionalisieren und Neues probieren (March 1991). Die Zukunftsfähigkeit eines Unternehmens hängt zudem mehr vom Umgang mit den Chancen als vom Handling der Risiken ab.

Nardi-Hiebls Erfahrungen zielen in eine ähnliche Richtung. Viele Hindernisse für Innovationen liegen seiner Meinung nach im Selbstverständnis und den Strukturen eines Konzerns. Um die notwendige Kreativität, die Entwicklung von Innovationen und den Aufbau neuer Geschäftsfelder zu erleichtern, schlägt er eine Förderung der Risikobereitschaft, eine Änderung der Incentivierungssysteme sowie Anpassungen in der Personalpolitik vor.

Um Innovationen zu generieren bzw. in neue Geschäftsfelder einzutreten, sind gutes Management und die bisherigen Strukturen eines Konzerns vielfach hinderlich (Christensen et al. 2013). Alle Prozesse sind dann so ausgerichtet und optimiert, um das bisherige Geschäft so effizient wie möglich zu bewältigen. Hierzu gehört beispielsweise eine Null-Fehler-Kultur in der Produktion, die sich natürlich nicht mit dem Experimentieren verträgt, wie es für Innovationen notwendig ist. Experimentieren erfordert Risikofreude und einen Freiraum, um Ideen auszuprobieren und auch Fehlschläge zu tolerieren. Um eine eher kreative Atmosphäre

[1]Das Konzept geht auf March zurück: Folgt ein Unternehmer dem Konzept der „Exploitation“ (Erschließung, Verwertung), so nutzt er seine Erfahrung, um in ähnlicher Art und Weise zu entscheiden und einen Verbesserungsprozess des bereits Gelernten zu initiieren. Setzt ein Unternehmer hingegen auf „Exploration“ (Erforschung, Erkundung), so nutzt er seine Erfahrung, um auf kreative Art und Weise innovative Ideen zu generieren.

zu schaffen, kann eine räumliche Trennung vom Konzern zielführend sein. So können separate kleine Einheiten geschaffen werden. Oft reicht es schon aus, einen eigenen Bereich, z. B. auf einer anderen Etage, zu etablieren. In diesen kleinen Einheiten können ein Innovationsklima und eine Kultur entstehen, in denen neue Ideen gedeihen können.

Ebenfalls ein Strukturthema ist die Incentivierung der Führungskräfte. Es darf nicht nur einen Bonus für Steigerungen im Kerngeschäft geben, sondern auch für Entwicklungen, die für die Zukunftsfähigkeit des Unternehmens wichtig sind. Wie Tushman et al. vorschlagen, könnten innovative Bereiche anhand ihrer Experimente bewertet werden (Tushman et al. 2011).

Die dritte Anregung von Nardi-Hiebl betrifft die Gewinnung und das Halten von Mitarbeitern, die Ideen entwickeln und innovative Produkte erschaffen können. Solche Personen haben oft einen eher brüchigen Lebenslauf und passen nicht unbedingt in die etablierte Unternehmenskultur (Giesa und Schiller Clausen 2014). Sprenger charakterisiert den Innovationsmitarbeiter folgendermaßen: Dieser sollte optimistisch mit der Zukunft umgehen können, Konfliktfähigkeit aufweisen, Disziplin und Bescheidenheit verinnerlicht haben sowie eine Bereitschaft zum Perspektivwechsel besitzen. Triebfeder ist die Neugier (Sprenger 2015). Entscheidend für das Halten innovativer Mitarbeiter ist die Fähigkeit des Unternehmens, diese Mitarbeiter zu integrieren, und zwar so, dass sie sich wohlfühlen und die anderen Mitarbeiter sich nicht benachteiligt fühlen.

Eine solche Person ist wohl eher ein Generalist, der eine gewisse Breite an Fähigkeiten aufweist. Die „Jack-of-all-Trades"-Hypothese von Lazear gilt für Entrepreneure generell, kann aber auch speziell auf Innovatoren angewendet werden. Die Grundidee dieses Ansatzes liegt darin, dass für Entrepreneure ein möglichst breites Spektrum an Fähigkeiten sinnvoll ist. Dieses wird durch Ausbildung und Berufserfahrung erworben. Die Produktivität eines Entrepreneurs hängt nach Lazear von der Fähigkeit ab, die in geringstem Maße vorhanden ist. Dies steht im Gegensatz zur Produktivität eines Spezialisten, bei dem es darauf ankommt, dass definierte, abgegrenzte Fähigkeiten besonders hoch ausgeprägt sind (Lazear 2005).

Nardi-Hiebl hat sich im Laufe seines Berufslebens sehr viele und breite Fähigkeiten angeeignet und Erfahrungen gesammelt. Bereits während seiner Studienzeit hatte er viele verschiedene Werkstudentenstellen inne. Durch seine frühen Unternehmensgründungen lernte er essenzielle Themen der Unternehmensgründung (wie etwa Marktbetrachtungen) und des Managements (wie etwa das Führen von Verhandlungen) kennen. Seine Anstellungen bewegten sich in breiten und vielfältigen Themengebieten wie der Gesundheitsbranche und dem allgemeinen

Gebiet von Unternehmensgründungen. Diese Erfahrungen qualifizieren ihn für die Identifizierung und Schaffung von Innovationen, wie er sie jetzt mit seinem eigenen Unternehmen verwirklicht.

4.2.5 Tipps für Unternehmer und Unternehmensgründer

Tipps für Unternehmer

- Der Markt und die Kunden sollten der Ausgangspunkt einer jeden Innovation sein.
- Eine Innovation muss dem Kunden einen Mehrwert schaffen, ansonsten wird sie nicht erfolgreich sein.
- Es kann sinnvoll sein, verschiedene Arten von Innovationen zu kombinieren, beispielsweise Produkt- und Prozessinnovationen.
- Der potenzielle Kunde sollte frühzeitig in die Entwicklung einbezogen werden. Hierzu sollte ein Netzwerk an vertrauensvollen Kontakten aufgebaut werden.
- Neue Geschäftsfelder erfordern, gerade bei Großunternehmen, vielfach eine Änderung der Unternehmenskultur und der Strukturen.
- Innovationen werden am ehesten durch Personen geschaffen, die nicht unbedingt in ein Großunternehmen passen: Personen mit Erfahrung im Scheitern von Unternehmen, Personen mit einem nicht geradlinigen Lebenslauf, Querdenker.

Weitere Tipps für Unternehmensgründer

- Der Businessplan muss neben dem Produkt vor allem den Markt und den Mehrwert für den Kunden erklären können.
- Die fehlende Marktausrichtung ist einer der Hauptgründe, warum eine Unternehmensgründung scheitert.
- Netzwerke können fehlende Ressourcen teilweise kompensieren. Allerdings ist ein Gleichgewicht zwischen dem Aufwand zur Netzwerkpflege und dem Nutzen auszubalancieren.

- Beim Netzwerkaufbau sollte weniger auf Sympathie, sondern mehr auf die Relevanz der Kontakte für das Unternehmen geachtet werden.
- In der Anstellung, vor allem in einem Konzern, kann viel gelernt werden, was für eine spätere Unternehmensgründung nützlich ist (Wissen und Kontakte zur Branche, zu Technologien, zu Verfahren, zum Markt, zum Management etc.)

Literatur

Brüderl, Josef, Peter Preisendörfer, und Rolf Ziegler. 2007. *Der Erfolg neugegründeter Betriebe – Eine empirische Studie zu den Chancen und Risiken von Unternehmensgründungen*, 3. Aufl. Berlin: Duncker & Humblot.

Bundesministerium für Wirtschaft und Energie (BMWi), Hrsg. 2015. *Gesundheitswirtschaft. Fakten & Zahlen*. Ausgabe 2014. Berlin: Junius.

Burt, Ronald S. 1992. *Structural holes: The social structure of competition*. Massachusetts: Harvard University Press.

Christensen, Clayton M., Kurt Matzler, und Stephan Friedrich von den Eichen. 2013. *The Innovator's Dilemma. Warum etablierte Unternehmen den Wettbewerb um bahnbrechende Innovationen verlieren*. München: Vahlen.

Coleman, James S. 1988. Social capital in the creation of human capital. *American Journal of Sociology* 94:95–120 (Supplement: Organizations and institutions: Sociological and economic approaches to the analysis of social structure).

Giesa, Christoph, und Lena Schiller Clausen. 2014. *New Business Order. Wie Start-ups Wirtschaft und Gesellschaft verändern*. München: Hanser.

Hauschildt, Jürgen, und Sören Salomo. 2011. *Innovationsmanagement*, 5. Aufl. München: Vahlen.

Lazear, Edward P. 2005. Entrepreneurship. *Journal of Labor Economics* 23 (4): 649–680.

March, James G. 1991. Exploration and exploitation in organizational learning. *Organization Science* 2 (1): 71–87.

McGrath, Rita G. 1999. Falling forward: Real options reasoning and entrepreneurial failure. *The Academy of Management Review* 24 (1): 13–30.

Nörr, Monika. 2015. Analyse der Entwicklung von Serial Entrepreneurs aus Hightech-Branchen – mit einem Schwerpunkt auf dem Human- und Sozialkapital. Dissertation. Hamburg: Dr. Kovač.

Scheuss, Ralph. 2008. *Handbuch der Strategien. 220 Konzepte der weltbesten Vordenker*. Frankfurt a. M.: Campus.

Sprenger, Reinhard K. 2015. *Radikal führen. Limitierte Sonderausgabe 2015*. Frankfurt a. M.: Campus.

Stam, Wouter, Souren Arzlanian, und Tom Elfring. 2014. Social capital of entrepreneurs and small firm performance: A meta-analysis of contextual and methodological moderators. *Journal of Business Venturing* 1:152–173.

Tushman, Michael L., Wendy K. Smith, und Andy Binns. 2011. Die zwei Rollen des CEO. *Harvard Business Manager* 2011 (8): 32–40 (Schwerpunkt Innovation).

5 Technologietrends: Frühzeitig erkennen und Wettbewerbsvorsprung gewinnen

Um erfolgreich zu sein, muss ein Unternehmer im Technologiebereich lernen, Trends frühzeitig zu erkennen und diese für sich zu nutzen.

Zusammenfassung

Hat ein Unternehmer im Technologiebereich gelernt, einen Technologietrend frühzeitig zu erkennen und diesen für sich zu nutzen, so kann er sich einen Wettbewerbsvorsprung verschaffen, der von der Konkurrenz nicht so leicht einholbar ist. Die Schwierigkeit liegt jedoch darin, zwischen kurzfristigen „Launen" des Markts und langfristigen, nachhaltigen Trends zu unterscheiden. Große Unternehmen und Forschungsinstitute setzen hierfür komplexe Prognoseinstrumente, Roadmaps und Foresight-Prozesse ein. Einige Inhaber kleinerer Unternehmen oder auch Neugründer analysieren ebenfalls Trends und Märkte – legen dann aber den Schwerpunkt auf die unmittelbare Umsetzung. Der Serial Entrepreneur Maximilian Eck hat seine berufliche Karriere dem Technologietrend der Elektromobilität verschrieben. Zusammen mit seinen Mitgründern rief er drei Unternehmen ins Leben – zwei davon verkaufte er erfolgreich, in dem dritten Unternehmen ist er heute tätig. Im persönlichen Gespräch berichtet er von seinem Werdegang als Mehrfachgründer und seinen Erfahrungen.

Maximilian Eck, geschäftsführender Gesellschafter, eMoSys GmbH

Maximilian Eck (s. Abb. 5.1) studierte an der Hochschule München Architektur und Betriebswirtschaft. Berufserfahrung als Angestellter sammelte er

M. Nörr, *Key Learnings aus dem Serial Entrepreneurship*,
DOI 10.1007/978-3-658-13084-8_5

Abb. 5.1 Serial Entrepreneur Maximilian Eck. (© Maximilian Eck)

bei der Magnetbahn GmbH, einer damaligen Tochter der AEG in Frankfurt, die eine Magnetbahn für den Nahverkehr entwickeln wollte.

Eck hat drei Unternehmen mitgegründet. Diese sind als Ingenieurdienstleister und produzierende Unternehmen im Bereich Elektromobilität tätig.

Im Jahr 1990 gründete Eck sein erstes Unternehmen, Gründl und Hoffmann GmbH, in Starnberg gemeinsam mit drei Partnern. Das Unternehmen entwickelte ein Serienhybrid-Fahrzeug sowie das ISAD-System (eine in den Antriebsstrang integrierte Starter-Generator-Einheit) und wurde 1999 an Continental ISAD Electronic Systems in Landsberg am Lech verkauft.

Anschließend, im Jahr 2000, gründete Eck mit den gleichen Partnern die Compact Dynamics GmbH in Starnberg. Das Unternehmen hat sich als Entwicklungsspezialist für innovative, elektrische Antriebe etabliert. Eck schied aufgrund der Übernahme durch Semikron aus Nürnberg im Jahr 2013 aus dem Unternehmen aus. Compact Dynamics beschäftigt heute mehr als 60 Mitarbeiter.

Im selben Jahr gründete Eck zusammen mit zwei Partnern die eMoSys GmbH in Starnberg. eMoSys bietet Entwicklungsleistungen und Beratung in der Elektromobilität, von elektrischen Antrieben über Hybridfahrzeuge bis zu deren stationären Anlagen und Infrastruktur (z. B. Ladestationen). Eck ist zuständig für Entwicklungsprojekte und Marketing.

Quelle: Nörr 2015

5.1 Gespräch mit Serial Entrepreneur Maximilian Eck

▶ Wie und warum sind Sie zum Unternehmer geworden?

Nach meinem Studium der Architektur und der Betriebswirtschaft an der Hochschule München lernte ich auf einer Veranstaltung einen Manager kennen, der bei einer damaligen Tochter der AEG in Frankfurt eine Magnetbahn für den Nahverkehr entwickeln wollte. Als sein erster Mitarbeiter war ich anfangs für die kaufmännische Organisation und die Förderanträge zuständig. Wir hatten Projekte in Braunschweig, Berlin, am Frankfurter Flughafen und in Las Vegas und wuchsen sehr schnell bis auf rund 280 Mitarbeiter. Als Betriebsleiter baute ich das komplett neue Geschäftsfeld auf und konnte somit Erfahrungen im organisatorischen Unternehmensaufbau und der Leitung eines weltweit tätigen technischen Betriebs sammeln. Durch die Teilnahme an Vorstandssitzungen lernte ich den Umgang mit den oberen Führungsebenen und entwickelte das Verständnis für deren Blickwinkel zu den Themen im Tagesgeschäft. Meiner Meinung nach kann man in Konzernen vieles lernen, was man für eine spätere unternehmerische Tätigkeit benötigt. Leider ging diese Ära schnell zu Ende, als die AEG im Jahr 1992 aufgelöst wurde.

Aus dem AEG-Team waren wir vier Personen, die zusammen etwas auf die Beine stellen wollten: der Physiker Dr. Andreas Gründl, der Elektrotechniker Bernhard Hoffmann, der Jurist Dr. Walter Füchtenbusch und ich. Wir haben eine Analyse gemacht: Welche Visionen hat Deutschland? Wo liegen die zukünftigen Märkte? Welche Technologietrends zeichnen sich ab, die wir für den Aufbau eines eigenen Unternehmens nutzen könnten? Wir sind dann sehr schnell auf die Idee gestoßen, ein Elektroauto, einen Serienhybrid, zu entwickeln. Dr. Andreas Gründl und Bernhard Hoffmann hatten in einem Angestelltenverhältnis bereits ein Elektrofahrzeug mit einem Hersteller aus der Schweiz entwickelt und kannten die dortigen Randbedingungen sehr detailliert. Dieser Trend war in Deutschland noch in der „Bastlernische" und wurde von der Automobilwelt belächelt.

Die Gründl und Hoffmann GmbH war ein echtes Start-up und hatte natürlich nicht viel Kapital zur Verfügung. Mit meiner Erfahrung des Firmenaufbaus und unseren Kontakten zu guten Mitarbeitern aus der Magnetbahnzeit konnten wir relativ schnell eine kleine Truppe von rund 15 Personen zusammenstellen und unseren ersten Kunden überzeugen. Das war die Firma Irmscher Automobilbau, ein Opel-Tuner. Irmscher hatte einen Vertrag mit der Deutschen Post für einen Auftrag von 5000 Serienhybrid-Autos. Wir begannen die Entwicklung und rüsteten fünf Fahrzeuge aus. Leider starb Herr Irmscher recht plötzlich. Damit fehlte der Macher an der Spitze. Die Familie Irmscher hatte kein weiteres Interesse, die Firma wurde aufgeteilt und Teile an Opel verkauft. Opel wollte kein Elektrofahrzeug bauen – das sei „Spielerei für die Kühnen".

Für uns war das ein massiver Schlag. Zum Glück konnten wir mit der Continental AG einen neuen Kunden gewinnen. Für diese Firma entwickelten wir eine in den Antriebsstrang integrierte Starter-Generator-Einheit. Das Produkt kam sehr gut an, wir hatten zum Schluss 230 Mitarbeiter. Continental kaufte unsere Firma, da sie das Produkt und die Kompetenzen selbst besitzen wollten.

▶ Warum haben Sie Ihr zweites und weitere Unternehmen gegründet?

Wir vier Eigentümer wollten keine Angestellten in der von uns gegründeten Firma sein und stiegen nach dem Verkauf im Jahr 1999 aus dem Unternehmen aus. Wir konnten uns schnell mit Continental einigen, hatten einen attraktiven Kaufpreis ausgehandelt, uns für drei Jahre Entwicklungsverträge gesichert und durften sechs Mitarbeiter mitnehmen. Dies war eine gute Basis für die Gründung unseres zweiten Unternehmens, Compact Dynamics, im Jahr 2000.

Ein paar Jahre später kam ein neuer Vorstand zu Continental. Das Projekt „Hybridisierung" wurde eingestellt, obwohl bei General Motors in den USA bereits eine Kleinserie lief und sehr gut funktionierte. Das ist der Unterschied zwischen Unternehmern und Konzernmanagern: Unternehmer denken strategisch und langfristig, Konzernmanager vielfach nur an den schnell zu erzielenden Umsatz. Der Konzern wollte das Geschäftsfeld nicht ausbauen, Hybrid war zu diesem Zeitpunkt kein Massengeschäft.

Wir konnten für die Compact Dynamics auf einen Schlag 20 gute Mitarbeiter von Continental einstellen. Erfolgreich ist man ja nur im Team, und wir hatten viel vor. Mit der Compact Dynamics durften wir jedoch nicht mehr im gleichen Geschäftsfeld tätig sein. Nach einer erneuten Analyse der Technologietrends, der Märkte und unserer Kompetenzen haben wir uns auf den Motorsport konzentriert.

Das Geschäft lief fantastisch. Wir hatten 80 Mitarbeiter, unsere Kunden waren unter anderem BMW F1, Honda F1, Bosch Motorsport und Ferrari. Wir entwickelten innovative, elektrische Antriebe einschließlich Prototypen und Fertigung in Kleinserien. Im Jahr 2009 stiegen jedoch BMW und Honda aus der Formel 1 aus. Um den Wegfall von zwei Hauptkunden zu verkraften, mussten wir unsere Rücklagen angreifen und das Personal etwas reduzieren. Wir konnten einige neue Projekte akquirieren, allerdings war es ein ständiger Kampf, und das nagt an der Motivation.

Somit beschlossen wir, Anteile oder das Gesamtunternehmen an einen größeren strategischen Partner zu verkaufen. Wir hatten verschiedene strategische Ansätze, wie man zu einem solchen Partner kommt. Nach einer Analyse haben wir einen Unternehmensberater mit der Suche nach einem geeigneten Partner beauftragt. Wir wählten die Firma Semikron aus Nürnberg, welche den Automobilbereich als Marktsegment neu bedienen wollte. Unsere Produkte boten die ideale Ergänzung, da sich Semikron bisher auf industrielle Automatisierungssysteme, Telekommunikation und Windkraftanlagen konzentriert hatte. Wir haben unser Unternehmen schrittweise verkauft, im Jahr 2013 gehörte es der Semikron zu 100 %.

Sobald bekannt wird, dass der Verkauf eines erfolgreichen Unternehmens ansteht, treffen laufend Angebote von Investmentfirmen ein. Wir haben jedoch bewusst keinen Investor gesucht. Investoren wollen alle drei Monate wissen, ob es schon Erfolge gibt. Es handelt sich um keine langfristige Partnerschaft, von Anfang an nicht. Investoren wollen in maximal fünf Jahren einen Cash-Rückfluss haben. Ich hatte nie ein gutes Gefühl, wenn wir bei Compact Dynamics in diese Richtung gedacht haben.

Nach dem Verkauf durften wir ein Jahr lang nicht im Bereich der Elektromobilität tätig sein. Aber nur daheim den Hausmeister zu spielen, war uns bald zu langweilig. Deshalb gründeten Dr. Gründl und ich mit Christoph Rösch, einem uns schon bekannten Unternehmer aus der Region, die eMoSys GmbH. Vorausgegangen waren ausführliche Gespräche, bei denen wir unser Können, unser Netzwerk und den Markt betrachtet hatten. Wir entschieden uns daraufhin, den Fokus auf die Beratung und die Konzeptentwicklung in der Elektromobilität zu legen. Die Produktion übernehmen bewährte Partner, die wir aus unserem Netzwerk kennen. Es macht uns viel Spaß, da wir jetzt nicht mehr arbeiten müssen, um die Familie zu ernähren, sondern es etwas lockerer angehen können. Wir wollen nicht von heute auf morgen 100 Mitarbeiter beschäftigen, sondern die Firmenentwicklung immer schön strategisch betrachten und dann entscheiden, welche Mitarbeiter wir hinzunehmen. Der Erfolg gibt uns recht. Mit sehr guten Partnern können wir große Projekte realisieren, ohne dass wir eine Abhängigkeit von konstanten Auftragsauslastungen haben. Dies bringt zusätzlich eine persönliche Freiheit, die wir gerne mit großen Reisen und sonstigen sportlichen Freizeitvergnügungen nutzen.

▶ Wie sehen Sie den Technologietrend „Elektromobilität" heute? Wo liegen die heutigen und die zukünftigen Märkte?

Die Elektromobilität ist weltweit im Vormarsch. Ein Akzeptanzproblem, wie es vor fünf Jahren noch von den Medien und im privaten Umfeld genannt wurde, gibt es heute nicht mehr. Der politische Druck zur Umstellung auf Elektro- und Hybridfahrzeuge wird aufgrund der Feinstaubbelastung in den Städten in den nächsten fünf Jahren erheblich zunehmen. Beispiele aus China sind die Vorreiter einer umweltbewussten Umsetzung von Verbrennern zu elektrisch betriebenen Fahrzeugen – von der Rikscha bis zum Linienbus. Die deutsche Automobilindustrie versucht, den Trend von Teslar aus den USA einzuholen. Sportfahrzeuge mit einer Leistung von 300 bis 500 kW werden in den Jahren 2016/2017 auf den Markt kommen. Energiespeicher erlauben heute bereits eine Reichweite von 500 km, Schnellladesysteme ermöglichen die Ladung der Batterie in 30 min. An diesem Trend wollen wir uns weiter beteiligen und sehen hier unseren Markt mit neuen Produktideen im Antriebsstrang.

Ein geeignetes Mittel zur Erkennung und Verfolgung von Technologietrends sind Kundengespräche außerhalb von großen Meetings. Hier wird viel darüber geredet, wo die Reise hingehen könnte und welche Probleme einer Umsetzung entgegenstehen. Wenn man dies detailliert analysiert, können ganz neue Aufgabenstellungen entstehen. Hat ein Abteilungsleiter eines Kunden eine gute Idee, kann jedoch auf dem Markt nicht die richtigen Komponenten kaufen, dann ist dieser inzwischen in vielen Fällen sofort bereit, die Wege für einen Entwicklungsauftrag zu ebnen.

► Wie muss sich Ihrer Meinung nach ein Team zusammensetzen, das Technologietrends in Innovationen umsetzen kann?

Bei uns lief es folgendermaßen – und der Erfolg gibt uns recht: Unser Gründerteam blieb über die Unternehmen hinweg in etwa gleich. Dr. Gründl ist ein Physiker, der als Vordenker im technischen Bereich einerseits visionäre Ideen hat und dessen Stärken andererseits in der konkreten Produktentwicklung liegen. Der Elektroingenieur Hoffman hat seine Kompetenzen in der Softwareentwicklung und der technischen Umsetzung. Ich selbst bin im Management, im Marketing und im kaufmännischen Part zu Hause. Der Vierte im Team war ein Jurist. Natürlich ist ein Jurist wichtig, wenn es sich bei den Kunden um Konzerne handelt, allerdings kann man heute sehr gute Beratung zu einem vernünftigen Preis-Leistungs-Verhältnis von extern erhalten.

Ein Punkt ist meiner Meinung nach besonders wichtig: Wenn erfahrene und in der Branche bekannte Personen ein neues Unternehmen gründen, spricht sich das schnell herum. Dann ist es viel leichter, Kunden und gute Mitarbeiter auf sich aufmerksam zu machen. Gerade ein junges, innovatives Unternehmen kann nur gedeihen, wenn Personen zusammenkommen, die sich verstehen, die ihren Job nicht nur aus Routine machen, sondern diesen wirklich als Herausforderung sehen und sich einbringen. Die auch mal zehn oder zwölf Stunden am Tag an einer Sache dranbleiben. Dazu muss man den Mitarbeitern aber Visionen bieten. Sie können keinen Ingenieur locken, wenn Sie beispielsweise Stecker anbieten, die lediglich in der Farbe variieren. Um eine gewisse Faszination zu wecken, muss es sich um komplexe Systeme handeln. Gerade mit der Compact Dynamics konnten wir Spitzenleistungen erbringen, sonst wären wir mit unseren Motor- und Elektronikentwicklungen über Jahre hinweg nicht immer wieder in einem Le-Mans-Fahrzeug dabei gewesen.

▶ Was können Sie Ihren Kunden bieten, was diese nicht im eigenen Haus entwickeln können?

Visionen und deren Verwirklichung. Konzerne haben selten eine Vision, da diese von den Vorgesetzten unterdrückt werden: bloß nichts Neues, bloß kein Risiko, bloß keine rote Zahl, für die man geradestehen müsste. Das weiß ein Vorstand auch. Wir haben Ideen vorgestellt, die nicht nur um ein oder zwei Features besser waren, sondern sich deutlich von bestehenden Produkten abhoben. Anschließend haben wir den Beweis erbracht, dass unsere Ideen funktionieren, indem wir beispielsweise Material eingespart oder eine bessere Produktleistung erbracht haben. Wenn wir den Auftrag erhalten hatten, konnten wir die Produkte im Auftrag und mit einer gesicherten Finanzierung des Konzerns entwickeln.

Eine reine Innovation bringt wirtschaftlich nicht viel. Kann sie jedoch in einem Produkt die Herstellungskosten senken, für den Endnutzer den Spaßfaktor erhöhen und vielleicht noch einen Beitrag zur Energieeinsparung leisten, dann ist sie unbezahlbar!

Unsere Kunden waren stets Konzerne. Ein kleiner Mittelständler konnte sich uns nicht leisten. Der ganze Background von Prüffeldern und Patentanmeldungen, das waren Angebote, die immer in der Größenordnung von mehreren hunderttausend Euro lagen. Für einen Konzern ist das keine große Summe. Dieser weiß, dass die eigentlichen Kosten erst mit dem Aufbau der Produktionsanlagen entstehen.

Mit unserem ersten Unternehmen hatten wir mit Continental einen einzigen Konzern als Kunden und nur ein Produkt. Die Vielfalt an Kunden und Produkten kam erst mit dem Geschäftsfeld Motorsport in der Compact Dynamics. Die meisten Kunden haben wir über unser Netzwerk gewonnen. Wir kannten meist eine

Person aus der Forschungsebene und konnten dann eine Präsentation vor dem Vorstand halten. Dort haben wir auf allgemein bekannte und erfolgreiche eigene Projekte hingewiesen.

▶ Was treibt Sie an? Was bedeutet für Sie Erfolg?

Erfolg hat für mich drei Dimensionen: Wachstum, ein gutes Team, finanzieller Erfolg.

Entscheidend für mich ist, dass meine Unternehmen sich ständig weiterentwickeln. Für mich ist Erfolg immer das Wachstum von Umsatz und Mitarbeitern, einfach die Strategie nach vorne. Es war manchmal schon viel Arbeit, aber im Prinzip führt das zu einer inneren Zufriedenheit: Ja, das funktioniert, das kommt gut an.

Der zweite Punkt ist, dass man sich im Team gut versteht. Es gibt ja immer Mitarbeiter, die nicht ganz ins Team passen. Mit denen habe ich mich schnell geeinigt. Wenn es Probleme gab, sind die Mitarbeiter zu mir gekommen. Das war für mich auch ein ganz wichtiger Faktor: nicht den großen Chef spielen, sondern zuhören und dann überlegen, welche Lösungsmöglichkeiten sich bieten. Es gibt ja immer Themen, die bewältigt werden müssen – sei es beruflich oder privat.

Durch den Aufbau von mehreren Unternehmen und deren Verkauf habe ich auch viel Geld verdient. Das wäre mir als angestellter Geschäftsführer nicht möglich gewesen. Ein solches Volumen als Sicherheit für die Familie und als Altersvorsorge zu haben, ist natürlich auch ein ganz wichtiger Faktor. Allerdings haben wir nie eine neue Firma aufgebaut mit dem Ziel, diese gleich wieder zu verkaufen. Aber das ergibt sich halt, und man wäre ja dumm, wenn man den wirtschaftlichen Nutzen nicht realisiert. Allerdings sind Seriengründungen an sich für mich kein Erfolgsmodell. Es gibt ja Unternehmer, die laufend neue Firmen gründen, aber nie eine richtig zum Erfolg bringen. Für mich sind schon der finanzielle Erfolg und die Langlebigkeit der Unternehmen, mit der Verantwortung gegenüber den Mitarbeitern, maßgebend.

5.2 Was Unternehmer von Maximilian Eck lernen können

Maximilian Eck gewann seine ersten Erfahrungen im Aufbau von Unternehmen während seiner Anstellung bei einer Konzerntochter. Dieses neue Unternehmen wollte eine Magnetbahn entwickeln, wurde aber bald wieder eingestellt. Mit seinen Mitgründern gründete Eck in Folge drei Unternehmen, die in der Elektromobilität in verschiedenen Anwendungsfeldern tätig waren und sind. Eck und seine Mitgründer entschieden sich, ihre berufliche Zukunft der Elektromobilität zu widmen, da sie einen Technologietrend erkannt hatten, der ihnen die Möglichkeit zum Aufbau einer eigenen unternehmerischen Existenz sowie zu stetigen Innovationen bot.

Während seiner langjährigen Tätigkeit lernte Eck, aus einem Technologietrend nachhaltige Geschäftstätigkeiten aufzubauen. Voraussetzung hierfür waren neben der Erkennung des Trends die Zusammenstellung des Gründer- und Unternehmerteams sowie die Gewinnung von hoch qualifizierten Mitarbeitern. Da es sich bei den Kunden seiner Unternehmen vielfach um Konzerne handelte, lernte Eck, wie diese mit solchen Trends umgehen und bei ihren technologischen Entwicklungen auf Hilfe von außen angewiesen sind. Nachfolgend werden die Learnings von Eck beschrieben und weiter ausgeführt.

5.2.1 Technologietrends erkennen und mitgestalten

Eck wurde auf den Technologietrend der Elektromobilität aufmerksam, als er bei seinem ersten Arbeitgeber mit Kollegen, die bereits in der Entwicklung von Elektroautos tätig waren, zusammenarbeitete. Als sein damaliger Arbeitgeber das Geschäftsfeld schloss, überlegten Eck und seine Mitgründer, ob sie diesen Trend für eine eigene Unternehmensgründung nutzen könnten. Nach einer eingehenden Analyse war ihnen klar, dass die Elektromobilität zu diesem Zeitpunkt noch ein absolutes Nischendasein führte. Sie waren jedoch überzeugt davon, dass Elektrofahrzeugen eine große Zukunft beschieden sein würde. Hierzu wollten sie einen Teil beitragen und ihre in der Anstellung gewonnen Qualifikationen, Erfahrungen und Netzwerke nutzen: Eck konnte auf seine Erfahrungen im Unternehmensaufbau zurückgreifen, seine Mitgründer auf das Know-how und die Netzwerke bei der Entwicklung von Elektroautos.

Dass eine Anstellung eine gute Basis für eine nachfolgende Unternehmensgründung bieten kann, bestätigt die Wissenschaft: So gründen bisher angestellte Personen ein Unternehmen, da 1) Unternehmen den Personen das Selbstvertrauen geben, eine eigene Organisation aufbauen zu können; 2) Personen Branchenwissen und Informationen erhalten, die Outsidern nicht zugänglich sind; 3) Unternehmen diesen Personen die Netzwerkbildung erleichtern, um Ressourcen zu erhalten (Audia et al. 2007). Unternehmen werden somit vielfach aufgrund von Berufserfahrungen und mit Ressourcen gegründet, die als Angestellter akquiriert wurden. Dies ist natürlich nicht allgemein gültig, aber jeder Unternehmensgründer täte gut daran, sich zumindest zu überlegen, ob er das für seinen Markt erforderliche Wissen und erste Kontakte vorab in einer Anstellung erwerben könnte.

Die Entwicklung von Elektroautos war in den 1990er-Jahren nach den Worten von Eck eher eine „Bastlernische", eine „Spielerei für die Kühnen". Das Vorhaben wurde von der Automobilindustrie nur belächelt. Allerdings zeigte sich schon damals, dass sich bestimmte Kunden für Elektroautos interessierten. So konnte Eck bald einen Pilotkunden für die Entwicklung eines Serienhybrid-Fahrzeugs gewinnen. Als dieser kurz darauf starb, gelang ihm mit Continental die Akquise eines Konzerns als neuen Kunden. Nach einer gewissen Entwicklungszeit wollte der Konzern das Produkt selbst besitzen und kaufte das gesamte Unternehmen. Allerdings hatte der Konzern nicht das notwendige Durchhaltevermögen, um das Produkt weltweit auf dem Markt zu etablieren. Nach einem Vorstandswechsel wurde das Geschäft wieder eingestellt, da es zwar funktionierte, aber nur einen Nischenmarkt bediente.

Eck und seine Kollegen setzten weiterhin auf den Trend der Elektromobilität. Nach dem Verkauf ihres ersten Unternehmens gründeten sie sofort ihr zweites Unternehmen, die Compact Dynamics. Da sie aus Wettbewerbsgründen in ihrem ursprünglichen Geschäftsfeld nicht mehr tätig sein durften, analysierten sie wiederum die Märkte nach neuen Anwendungsgebieten und Pilotkunden. Bald erkannten sie den Motorsport und die Formel 1 als geeigneten Markt, da hier stets Bedarf an Innovationen besteht. Zudem handelte es sich bei BMW, Ferrari und Honda um Kunden, die im Motorsport Technologien austesten wollten, um sie ggf. später in ihre eigenen Fahrzeuge zu integrieren. Die Compact Dynamics entwickelte elektrische Antriebe, erstellte die Prototypen und fertigte Kleinserien.

Nach dem Verkauf des zweiten Unternehmens an einen strategischen Partner beschlossen Eck und einer seiner bisherigen Mitgründer, weiter in der Elektromobilität tätig zu sein. Einerseits wollten sie arbeiten, auch wenn dies aus wirtschaftlichen Gründen nicht mehr erforderlich war. Andererseits wollten sie den Trend der Elektromobilität weiter mitgestalten, da diese inzwischen weltweit auf dem Vormarsch ist. Wie Eck berichtet, werden Elektrofahrzeuge inzwischen akzeptiert: Hierzu trägt auch der umweltpolitische Druck bei, die Feinstaubbelastung in den Städten zu reduzieren. Die Automobilhersteller, welche Elektrofahrzeuge jahrelang nicht ernst genommen haben, versuchen nun, den Wettbewerbsvorsprung von Tesla, einem branchenfremden Premiumhersteller, aufzuholen. Allerdings ist ein solcher Wettbewerbsvorsprung nicht mehr so leicht einholbar (Drucker 1985).

Und auch die technologischen Einschränkungen wurden inzwischen immer weiter gelöst: So hat sich die Reichweite der Fahrzeuge erhöht, die Ladezeit verringert. Gerade auch die Kombination mit den erneuerbaren Energien, z. B. einem Solarpanel daheim oder auf Parkplätzen, kann dieser Technologie weitere Fortschritte liefern. Nach Aussage der Expertenkommission Forschung und Innovation (EFI) kann ein Massenmarkt an batteriegetriebenen Fahrzeugen auch zur Stabilisierung der Stromnetze beitragen, wenn die Stromspeicherkapazitäten der Fahrzeuge zur Pufferung der fluktuierenden Erzeugung aus erneuerbaren Energien eingesetzt werden (EFI 2014). Eck sah diese Chancen und gründete deshalb mit eMoSys ein Beratungsunternehmen für die Elektromobilität. Große Projekte werden nun nicht mehr alleine, sondern mithilfe von bewährten Partnern realisiert.

Die Erkennung und Analyse nachhaltiger Trends ist somit eine sehr gute Möglichkeit, neue Geschäftsfelder und Märkte für ein Unternehmen zu schaffen oder auch ein neues Unternehmen zu gründen. Wie Kim/Mauborgne beschreiben, ist das erste Prinzip zur Eroberung von „blauen Ozeanen" die Umgestaltung von Marktgrenzen (Kim und Mauborgne 2005). Als „blaue Ozeane" bezeichnen sie noch nicht erschlossene Märkte, auf denen es keine Konkurrenz gibt. Kann durch die Umgestaltung von Marktgrenzen eine Nachfrage erzeugt werden, bestehen Aussichten auf ein höchst profitables Wachstum. Unternehmen, die einen nachhaltigen Trend erkennen und aus der richtigen Perspektive betrachten, bietet sich die Chance zur Eroberung solcher blauer Ozean. Viele Unternehmen belassen es jedoch dabei, Trends vorherzusagen, zu beobachten und sich an diese erst anzupassen, wenn sie bereits weit fortgeschritten sind. Eck und seine Mitgründer hingegen beschlossen, den Trend der Elektromobilität selbst mitzugestalten und auf diese Weise in Märkte vorzudringen, auf denen es noch wenig Konkurrenz gab.

5.2.2 Qualifizierte Teams zusammenstellen

Auch wenn nachhaltige Trends richtig erkannt und analysiert wurden, verbleibt immer eine vergleichsweise große Unsicherheit. Unternehmer, welche Technologietrends mitgestalten möchten, benötigen neben ihren Erfahrungen und fachlichen Qualifikationen auch Mut und Durchhaltevermögen. Zudem sind sie auf qualifizierte und motivierte Mitarbeiter angewiesen.

Nach der Meinung von Eck sind für ein erfolgreiches Unternehmerteam mindestens folgende Personen notwendig: ein Visionär, der gleichzeitig die technische Umsetzung im Blick hat; ein Techniker, der die Kerntechnologien entwickeln kann (z. B. Software); eine Person, die sich um Management, Marketing und die kaufmännischen Prozesse kümmert. Aufgaben wie Vertragsverhandlungen oder die

Buchhaltung betreffen nicht die Kernkompetenzen und können deshalb von außen hinzugezogen werden. Hinsichtlich der Netzwerke ist es wichtig, dass Kontakte in die Branche bestehen und das Gründerteam möglichst bald eine gute Reputation aufweisen kann. Diese Erfahrungen von Eck werden heute vielfach im Rahmen von Businessplanwettbewerben umgesetzt, die in der Regel Teamgründungen fordern und Unterstützung beim Netzwerkaufbau liefern.

Das Gründerteam von Eck war über seine Unternehmen hinweg recht konstant. Dass Mehrfachgründer zur Bildung des unternehmerischen Teams vielfach auf die gleichen Personen zurückgreifen, bestätigt die wissenschaftliche Literatur (Ucbasaran et al. 2003). Ein Grund, dass sich solche konstanten Gründerteams bewähren, kann darin liegen, dass für eine Technologieentwicklung und den Unternehmensaufbau sehr viel tazites Wissen notwendig ist, das nur die Unternehmensgründer selbst besitzen. Zudem erlauben gerade starke und langjährig gewachsene Beziehungen (sog. „Strong Ties") den Austausch von vertraulichen und tiefer gehenden Informationen (Haller und Welch 2014). Wichtig ist auch, dass die Fähigkeiten der einzelnen Teammitglieder ausgewogen sind und sich gegenseitig ergänzen können – was nicht immer der Fall ist (Lechler und Gemünden 2003).[1] Dass die von Eck und seinen Mitgründern gewählte Vorgehensweise funktioniert, zeigen die Erfolge ihrer Unternehmen.

Die Akquise von Mitarbeitern fiel Eck immer vergleichsweise leicht, da sie in den meisten Fällen aus den vorhergehenden Unternehmen einen Teil der bereits qualifizierten Mitarbeiter mitnehmen durften. Dies ist von besonderem Wert, da es sich bei der Entwicklung von innovativen Antriebskonzepten für die Elektromobilität um eine spezielle Nische handelt. Diese Mitarbeiter kannten sich bereits, glaubten an ihre Aufgaben und nahmen diese als Herausforderung an. Hinzu kommt, dass es sich um interessante und komplexe Aufgaben handelt, die einem Ingenieur ein Feld zur Weiterentwicklung bieten.

Eck versucht, das Zusammengehörigkeitsgefühl weiter zu fördern, indem er stets ein offenes Ohr für die Anliegen seiner Mitarbeiter hat. Andererseits geht er auch keinen Konflikten aus dem Weg: Wenn ein Mitarbeiter nicht in das Unternehmen passt, einigt er sich schnell mit ihm. Dies ist besonders wichtig, da bereits ein einziger solcher Mitarbeiter für erhebliche und dauerhafte Schwierigkeiten und Demotivation des gesamten Teams sorgen kann.

[1] In vielen Fällen sind bei der Zusammenstellung eines Gründerteams gute persönliche Beziehungen weit ausschlaggebender als komplementäre Fähigkeiten: So hatten 60 % der untersuchten Gründerteams einen gemeinsamen freundschaftlichen oder familiären Hintergrund.

Ein Schlüssel für den Erfolg von Ecks Unternehmen war jedoch auch, dass er im Bereich der Elektromobilität blieb und hier einen großen Erfahrungsschatz anhäufen konnte. Bei einem Mehrfachgründer ist der Lernerfolg umso größer, je ähnlicher die Branchen und die Regionen sind und je kürzer die Zeitspanne zwischen den aufeinanderfolgenden Unternehmen ist. Diese Ähnlichkeit der Unternehmen bezieht sich auf die Ähnlichkeit der Kunden, Lieferanten, Wettbewerber, Produkte, Technologien und des Aufgabenumfelds (Toft-Kehler et al. 2014). Eck gründete ein neues Unternehmen stets möglichst bald nach dem Verkauf des vorhergehenden. Die Technologien, Produkte, Lieferanten und Kunden wiesen große Übereinstimmungen auf.

5.2.3 Visionen für Konzerne verwirklichen

Die Unternehmen von Eck sind vorwiegend als Entwicklungsdienstleister für andere, meist große Unternehmen tätig. Sie überzeugen ihre Kunden vom Trend der Elektromobilität und entwickeln für diese Produkte und Technologien. Ergänzend werden jedoch auch eigene Produkte entwickelt, vermarktet und in Kleinserien gefertigt.

Wie Eck beschreibt, sind viele Konzerne aufgrund ihrer Renditeorientierung und etablierten Strukturen nur wenig innovativ. Sie wollen vielfach nicht das Risiko einer internen Neuentwicklung eingehen (s. Abschn. 4.1 Gespräch mit Serial Entrepreneur Stefan Nardi-Hiebl). Dies bot stets Chancen für Ecks Unternehmen: Sie bieten den Konzernvorständen Visionen und beweisen, dass sich diese Visionen auch in konkrete Produkte umsetzen lassen. Durch erste Entwicklungsarbeiten erbringen sie Nachweise für leistungsfähigere Produkte. Ist der Vorstand von der Machbarkeit überzeugt, können die Produkte mit Finanzierung des Konzerns entwickelt werden.

Anstöße für Visionen erhält Eck auch durch Gespräche mit Kunden. Diese finden vielfach am Rande von Konferenzen oder in informeller Atmosphäre statt. In einem solchen geschützten Rahmen können neue Ideen entwickelt werden, die Unternehmer lernen voneinander. Wie Erkenntnisse aus der Wissenschaft zeigen, nehmen Unternehmer eher Veränderungen (z. B. Entwicklung von Innovationen) vor, wenn Gleichgestellte, d. h. Peers, sie über Netzwerke mit geeigneten Ressourcen in Kontakt bringen. Dies reduziert die kulturelle Distanz und führt zur Fähigkeit, Informationen aufzunehmen und für Innovationen zu nutzen (Baldegger und Julien 2011).

5.2.4 Disruptive Innovationen vermarkten

In diesem Abschnitt werden ergänzend Ansätze zur Erkennung, Entwicklung und Vermarktung von disruptiven Innovationen, wie sie auch das Elektroauto darstellt, beschrieben. Diese Modelle und Vorgehensweisen bieten sowohl für Unternehmensgründer als auch für große Unternehmen bzw. Konzerne äußerst interessante Ansatzpunkte.

Bei technologischen Innovationen kann nach Clayton Christensen zwischen evolutionären und disruptiven Technologien unterschieden werden. Evolutionäre Technologien haben das Ziel, bestehende Produkte in bestehenden Märkten gemäß den Anforderungen der Kunden zu verbessern. Diese Innovationen können inkrementeller oder radikaler Natur sein. Disruptive Technologien hingegen sprechen neue Kunden mit einem zunächst schlechteren Leistungsangebot, aber einem anderen Kundennutzen an. Durch Verbesserungen des Leistungsangebots dringen sie in die Märkte etablierter Anbieter vor und können diese auch daraus verdrängen (Christensen et al. 2013).

Derzeit stellen einige disruptive Innovationen etablierte Unternehmen auf die Probe, unter anderem die digitale Zeitung, Software as a Service, der Online-Handel oder auch das Elektroauto. Tab. 5.1 zeigt, inwiefern das Elektroauto nach den Kriterien von Christensen et al. und nach den Erfahrungen von Eck eine disruptive Innovation ist.

Das Elektroauto durchläuft den typischen Zyklus einer disruptiven Innovation. Möchte ein etabliertes Unternehmen eine solche disruptive Innovation verwirklichen, so sind entscheidende Änderungen in der Unternehmensstruktur notwendig (s. Abschn. 10.1 Gespräch mit Serial Entrepreneur Markus Brehler). Bei deren Etablierung sind neben den technologischen Herausforderungen vor allem auch die Herausforderungen des Marketings zu bewältigen. Hierbei geht es darum, zunächst einen Markt zu finden, in dem die Kunden die besonderen Produkteigenschaften der technologischen Innovation schätzen. Dies sind vielfach Nischenmärkte. Wie Eck berichtet, ging es ihm stets darum, mit dem bestehenden Know-how in der Elektromobilität einen ersten Kunden zu finden. Dieser konnte dann als Referenz für weitere Kunden dienen.

Eine konsequente und vielfach erprobte Vorgehensweise zur Vermarktung disruptiver Innovationen hat Geoffrey Moore entwickelt (Moore 2014). Er betrachtet disruptive Innovationen aus Kundensicht: Eine solche Innovation liegt immer dann vor, wenn der Kunde bei der Nutzung des Produkts sein Verhalten verändern muss (hier: z. B. geändertes „Tankverhalten“ beim Elektroauto) oder die Infrastruktur und die Services, die mit diesem Produkt in Zusammenhang stehen, sich

Tab. 5.1 Das Elektroauto als disruptive Innovation. (Eigene Darstellung)

Charakteristika disruptive Innovation	Elektroauto und Elektroantrieb
Die disruptive Innovation weist hinsichtlich der Anforderungen der wichtigsten Kunden im Vergleich zu konventionellen Produkten zunächst deutliche Leistungsnachteile auf	Beispiele für Leistungsnachteile für den Autofahrer sind u. a. die zunächst geringe Reichweite der Batterien, die langen Ladezeiten und das als unangenehm wahrgenommene Fahrgeräusch. Dies führte dazu, dass große Konzerne wie Opel sich für das Elektroauto nicht interessierten oder nach einer halbherzigen Entwicklung ein solches Projekt wieder einstellten
Die disruptive Innovation weist Vorteile bei anderen, neuen Kriterien auf, die zunächst nur für eine kleine Randgruppe von Kunden wichtig sind	Beispiele für Leistungsvorteile sind die Schadstofffreiheit, der höhere Wirkungsgrad im Vergleich zum Verbrennungsmotor, ein hohes Drehmoment über den gesamten Leistungsbereich sowie die Reduzierung von Verschleißteilen durch den Wegfall von Getriebe, Kupplung, Anlasser und Auspuff. Diese Vorteile sind z. B. für Kunden aus dem Rennsport oder der Bootsindustrie interessant
Der Markt und/oder die Produktanwendung sind anfangs in der Regel nicht klar zu bestimmen	Mit elektrischen Antrieben wurden über die Jahre hinweg verschiedene Anwendungsmöglichkeiten im Rennsport, bei Bootsmotoren, Bussen oder auch im Bahnverkehr erprobt
Für etablierte Unternehmen sind disruptive Innovationen zunächst vernachlässigbar, da ihre wichtigsten Kunden sich nicht dafür interessieren	Für die Automobilindustrie waren Elektroautos lange uninteressant, sie wurden „belächelt" und laut Eck als „Spielerei für die Kühnen" bezeichnet. Die vorhandenen Käufer legen viel Wert auf andere Kriterien wie Komfort, gewohnte Bedienung, hohe Leistung, schickes Design und vor allem das Markenimage des jeweiligen Herstellers

(Fortsetzung)

Tab. 5.1 (Fortsetzung)

Charakteristika disruptive Innovation	Elektroauto und Elektroantrieb
Die disruptive Innovation wird über die Jahre hinweg stark verbessert, sodass sie auch die Anforderungen im etablierten Kernmarkt erfüllen kann	Tesla hat mit seinem Elektroauto ein Fahrzeug auf den Markt gebracht, das sowohl von der Technologie als auch vom Design und der Funktionalität her die Bedürfnisse anspruchsvoller Kunden befriedigt. Die Reichweite liegt mit 500 km heute bei einer Tankfüllung eines konventionellen Autos, die Ladezeiten konnten stark gesenkt werden. Tesla positioniert sich als Premiummarke und greift somit direkt die Premiumhersteller BMW, Daimler und Audi an
Die disruptive Innovation wird zur ernsten Bedrohung für die bestehende Technologie und löst diese ab	An diesem Scheitelpunkt befindet sich das Elektroauto derzeit. Ob und wie es sich durchsetzen kann, bleibt weiterhin abzuwarten. Zumindest bieten etablierte Automobilhersteller wie BMW, Daimler, Porsche und VW nun ebenfalls Elektroautos bzw. Elektro-Hybridfahrzeuge an

ändern (hier: z. B. Elektrotankstelle statt herkömmlicher Zapfsäule, Verknüpfung des Ladevorgangs mit der Eigenerzeugung von Strom).

Nach Moore wird eine disruptive Innovation zunächst von den Kundengruppen der „Techies" (Innovators) und der „Trendsetter" (Early Adopters) gekauft. Für diese sind die Neuheit und die Leistungsfähigkeit für ihre speziellen Anforderungen von höchster Bedeutung. Zwischen diesem sehr frühen Käufermarkt und der nachfolgenden Kundengruppe der „Pragmatiker" (Early Majority) besteht ein Bruch bzw. eine Lücke (Chasm), die ein Unternehmen bewältigen muss. Die Kundengruppe der „Pragmatiker" legt Wert auf die Bewährtheit und die Zuverlässigkeit des Produkts, was sich in zufriedenen Referenzkunden, Standardisierungen und einem umfassenden Serviceangebot äußert. Im Markt der „Pragmatiker" und der „Konservativen" (Late Majority) liegen die Wachstumsmärkte für ein Unternehmen. Entscheidend ist deshalb die Fähigkeit eines Unternehmens, die genannte Lücke zu überschreiten. Nur dann wird aus einer disruptiven Innovation ein Produkt, das seinem Hersteller hohe Gewinne bieten und etablierte Konkurrenten aus dem Feld drängen kann. Wie dies genau vonstattengeht, beschreibt Moore in seinem Buch „Crossing the Chasm" – eine empfehlenswerte Lektüre für Unternehmensgründer, Unternehmensinhaber und Produktmanager.

Tipps für Unternehmer und Unternehmensgründer

Tipps für Unternehmer

- Unternehmen sollten sich generell mit der Erkennung und Analyse von Technologietrends beschäftigen.
- Es sollte geprüft werden, ob disruptive Innovationen vorliegen. Wenn dies der Fall ist, ist es sinnvoll, sich deren Entwicklungspfade sowie Chancen und Risiken bewusst zu machen.
- Der Analyse sollten Konsequenzen folgen: Will das Unternehmen den Trend mitgestalten oder den Trend lediglich beobachten und ab einem bestimmten Zeitpunkt Trendfolger sein?
- Fällt die Entscheidung zugunsten der Mitgestaltung des Trends aus, sollte die Organisationsstruktur des bestehenden Unternehmens so ausgerichtet werden, dass das Neue eine Chance hat.
- Es empfiehlt sich, neben der Technologieentwicklung auch die Herausforderungen im Marketing von Anfang an aktiv anzugehen.

Weitere Tipps für Unternehmensgründer

- Ein nachhaltiger Technologietrend bzw. eine disruptive Innovation kann auch bei großem Wettbewerb in etablierten Märkten Chancen für ein Start-up bieten.
- Ein qualifiziertes und komplementäres Gründerteam sollte zusammengestellt werden.
- Auf die Auswahl der Mitarbeiter sollte viel Wert gelegt werden, sowohl was die fachliche Qualifikation als auch das „Commitment" betrifft. Wenn man den Mitarbeitern anspruchsvolle Aufgaben und Visionen bieten kann, wird die Mitarbeiterakquise leichter fallen.
- Eine vorhergehende Anstellung kann den Eintritt in den gewünschten Markt erleichtern, da Wissen und Kontakte vorab und auf Kosten des Arbeitgebers erworben werden können.
- Der erste Kunde sollte ein Innovator sein. Dieser Pilotkunde ist entscheidend dafür, dass überhaupt ein Start erfolgen kann.

Literatur

Audia, Pino G., und Christopher I. Rider. 2007. Entrepreneurs as organizational products revisited. In *The psychology of entrepreneurship*, Hrsg. Robert J. Baum, Michael Frese, und Robert A. Baron, 113–130. Mahwah: Erlbaum (The organizational frontiers series).

Baldegger, Rico, und Pierre-André Julien. 2011. *Regionales Unternehmertum – Ein interdisziplinärer Ansatz*. Wiesbaden: Springer Gabler.

Christensen, Clayton M., Kurt Matzler, und Stephan Friedrich von den Eichen. 2013. The Innovator's Dilemma. Warum etablierte Unternehmen den Wettbewerb um bahnbrechende Innovationen verlieren. München: Vahlen.

Drucker, Peter F. 1985. *Innovation and entrepreneurship. practice and principles*. New York: Harper Collins.

Expertenkommission Forschung und Innovation (EFI). Hrsg. 2014. *Gutachten 2014 zu Forschung, Innovation und technologischer Leistungsfähigkeit Deutschlands*. Gestaltung: Kognito Gestaltung, Berlin; Produktion: Buch- und Offsetdruckerei H. Heenemann GmbH & Co. KG: Berlin.

Haller, Megan K., und Eric W. Welch. 2014. Entrepreneurial behavior of academic scientists: Network and cognitive determinants of commitment to grant submissions and award outcomes. *Entrepreneurship Theory and Practice* 38 (4): 807–831.

Kim, Chan W., und R. Mauborgne. 2005. *Der Blaue Ozean als Strategie. Wie man neue Märkte schafft, wo es keine Konkurrenz gibt*. München: Hanser.

Moore, Geoffrey A. 2014. *Crossing the chasm. Marketing and selling disruptive products to a mainstream customer*, 3. Aufl. New York: Harper Collins.

Nörr, Monika. 2015. Analyse der Entwicklung von Serial Entrepreneurs aus Hightech-Branchen – mit einem Schwerpunkt auf dem Human- und Sozialkapital. Dissertation. Hamburg: Dr. Kovač.

Toft-Kehler, Rasmus, Karl Wennberg, und Phillip H. Kim. 2014. Practice makes perfect: Entrepreneurial-experience curves and venture performance. *Journal of Business Venturing* 29 (4): 453–470.

Ucbasaran, Deniz, Mike Wright, und Paul Westhead. 2003. A longitudinal study of habitual entrepreneurs: Starters und acquirers. *Entrepreneurship & Regional Development* 3:207–228.

6 Wissenschaft: Netzwerke für Innovationen nutzen

Ein Unternehmen ist für mich immer die Möglichkeit, gute Wissenschaft mit innovativerProduktentwicklung zu betreiben und diese finanziert zu bekommen.

Zusammenfassung

Spin-offs, d. h. Ausgründungen aus der Wissenschaft, stellen den Wissenschaftler vor die Herausforderung, eine wissenschaftliche Erkenntnis in ein vermarktungsfähiges Produkt umzusetzen. Ist der Rollenwechsel vom Wissenschaftler zum Unternehmer gelungen, so können die Netzwerke in die Wissenschaft genutzt werden, um wieder neue Ideen zu generieren und in Unternehmen umzusetzen. Etablierte Unternehmen können ebenso von Kontakten in die Wissenschaft profitieren. Durch eine Zusammenarbeit eröffnen sich ihnen viele Möglichkeiten, ihre Produktpipeline mit Innovation zu füllen und auf diese Weise wettbewerbsfähig zu bleiben. Der Wissenschaftler und Serial Entrepreneur Dr. Herbert Stadler hat bis heute elf Unternehmen gegründet. Im persönlichen Gespräch berichtet er von seinem Werdegang als Mehrfachgründer und seinen Erfahrungen und Learnings.

Dr. Herbert Stadler, Geschäftsführer, Cell.Copedia GmbH

Herbert Stadler (s. Abb. 6.1) studierte Biochemie, promovierte und habilitierte an der Universität Göttingen. Anschließend arbeitete er über zehn Jahre als Gruppenleiter am Max-Planck-Institut für biophysikalische Chemie in Göttingen. Diese Tätigkeit gab er auf, um als Unternehmer wissenschaftliche Forschungsergebnisse als Produkte auf dem Markt zu etablieren.

M. Nörr, *Key Learnings aus dem Serial Entrepreneurship*,
DOI 10.1007/978-3-658-13084-8_6

Abb. 6.1 Serial Entrepreneur Dr. Herbert Stadler. (© Dr. Herbert Stadler)

Stadler hat elf Unternehmen in der Biotechnologiebranche gegründet bzw. mitgegründet.

Bei dem ersten Unternehmen handelt es sich um die Biometra GmbH, die Stadler im Jahr 1985 in Göttingen gründete. Das Unternehmen beschäftigt sich mit der Entwicklung, der Produktion und dem Vertrieb von Laborgeräten und Laborzubehör. Stadler verkaufte die Firma, sie gehört heute zu Endress+Hauser in Reinach (Schweiz).

Ab dem Jahr 1993 bis heute gründete Stadler mehrere Unternehmen, die stets auf Erkenntnissen und Technologien beruhten bzw. beruhen, die in der Wissenschaft – vor allem in der Max-Planck-Gesellschaft – entwickelt worden waren. Diese Unternehmen hatten bzw. haben sehr unterschiedliche Geschäftszwecke: Sie erstrecken sich vom Angebot von Laborprodukten und Dienstleistungen bis hin zur Entwicklung von Medikamenten zur Behandlung von Krankheiten wie Krebs, Diabetes und Depressionen.

Es handelt sich, neben der Biometra, um folgende Unternehmen: IBA GmbH in Göttingen, Ribonetics GmbH Gesellschaft für molekulare Therapie in Göttingen (verkauft an einen amerikanischen Investor), Hepa Vec Aktiengesellschaft für Gentherapie in Berlin (Integration in DeveloGen), DeveloGen AG in Göttingen (verkauft an Evotec AG in Hamburg), Synaptic Systems GmbH in Göttingen, Affectis AG in München, Stage Cell Therapeutics in Göttingen (verkauft an Juno Therapeutics in Seattle, USA), Epomedics GmbH in Göttingen, Phenoquest AG in Martinsried sowie die Cell.Copedia GmbH in Leipzig.

(Quelle: Nörr 2015)

6.1 Gespräch mit Serial Entrepreneur Dr. Herbert Stadler

▶ Wie und warum sind Sie zum Unternehmer geworden?

Was mich von vielen anderen Unternehmensgründern unterscheidet, ist, dass ich vor meinem Wechsel in die Wirtschaft vergleichsweise lange in der Wissenschaft tätig war. Als ich mein erstes Unternehmen gründete, war ich bereits 42 Jahre alt. Die klassische akademische Karriere hat wenig Freiräume und war für mich nicht sehr attraktiv, obwohl ich mich habilitiert hatte.

Um mein erstes Unternehmen, die Biometra, im Jahr 1985 in Göttingen zu gründen, habe ich bei der Max-Planck-Gesellschaft meine feste Anstellung auf Lebenszeit gekündigt. Ich habe alles auf eine Karte gesetzt und mir kein Rückkehrrecht vorbehalten, sondern die kleine Abfindung zum Aufbau eines Unternehmens genutzt. Diesen Schritt habe ich nicht bereut, sicherlich auch, weil Biometra recht erfolgreich war – zwar nicht mit den Produkten, die wir ursprünglich geplant hatten, so ist es immer, aber mit anderen Produkten, die wir aufgegriffen haben. Als ich die Biometra verkauft und somit etwas sichereren Boden unter den Füßen hatte, konnte ich mich „freischwimmen" und andere Fachgebiete bearbeiten, die mich besonders interessierten.

Bei der Biometra hatten wir geplant, Forschungsergebnisse aus der Max-Planck-Gesellschaft in Produkte umzusetzen. Das waren sehr schöne wissenschaftliche Forschungsergebnisse. Sie waren jedoch, wie es sich allmählich ergab, kommerziell uninteressant. Das hat mich damals überrascht: Ich hätte vorab Marktstudien machen müssen, um dies zu erkennen. Als Wissenschaftler war ich jedoch von der Projektidee als solcher begeistert.

Als mir die Max-Planck-Gesellschaft eine Lizenz für PCR[1] Analysegeräte, sog. Thermocycler, anbot, habe ich das Potenzial erkannt und diese Technologie weiterentwickelt. Dies erforderte viel Zeit und Kapital und brachte Biometra beinahe zur Aufgabe. Aufgrund meiner wissenschaftlichen Erfahrung war ich jedoch in der Lage, auch eigene Ideen zu Produkten zu entwickeln. Ich war zwei Jahre lang als Gastwissenschaftler in Japan gewesen und hatte den dort perfekt

[1]PCR bedeutet Polymerase-Kettenreaktion (Polymerase Chain Reaction) und ist ein Verfahren zur künstlichen Vervielfältigung von DNA.

umgesetzten Trend zur Miniaturisierung mitbekommen. Die Japaner haben nicht viel Platz in ihren Labors und haben die Analysegeräte in sehr kleiner Bauweise gefertigt. Ich habe Ideen für miniaturisierte, relativ einfache Laborgeräte für die Elektrophorese[2] entwickelt, die vom Markt sofort gut angenommen wurden. Die Einnahmen aus dem Verkauf dieser Geräte halfen uns, die Technologie für die Thermocycler weiterzuentwickeln und diese Geräte schließlich sehr erfolgreich auf dem Markt anzubieten.

Nach sieben Jahren bekam ich ein gutes Angebot für die Biometra und habe die Firma verkauft. Der weitere Firmenaufbau und die Ausweitung des Vertriebs interessierten mich weniger. Ich wollte wieder mehr in der Forschung tätig sein und ein anderes Fachgebiet bearbeiten. Biometra gibt es heute noch, das Unternehmen gehört zu Endress+Hauser.

▶ Als Wissenschaftler waren Sie mit der Wirtschaft weniger vertraut. Wie haben Sie sich das Wissen und das Netzwerk aufgebaut?

Ich habe stets versucht, mich gleichzeitig um die wissenschaftlichen und die kaufmännischen Aspekte zu kümmern. Relativ schnell habe ich erkannt, dass man beides machen muss, sonst weiß man gar nicht, wo man mit der Firma steht. Seminare und Kurse für Unternehmensgründer haben bei mir nie viel bewirkt, es war stets „Learning by Doing". Ich habe mit der GmbH angefangen und mich dann in Richtung der anspruchsvolleren AG bewegt.

Auch bei den Kundenkontakten musste ich bei null anfangen. Wir haben die Kundenbasis komplett neu aufgebaut. Die Prinzipien von Marketing und Vertrieb habe ich mir von anderen Firmen abgeschaut, bald jedoch eigenes Marketing und Vertrieb aufgebaut. Wenn es sich bei den Produkten um Laborgeräte oder Consumables handelt, muss ja eine solide Kundenbasis möglichst weltweit vorhanden sein. Bei der Entwicklung von Medikamenten sieht dies anders aus: Hier ist der unmittelbare Kunde normalerweise ein Pharmaunternehmen, das ein Projekt kauft und weiterentwickelt. Bei einer Pharmafirma kann man das Interesse durch Publikationen in hochrangigen Journalen oder natürlich auch durch unmittelbare persönliche Kontakte zu den Forschungsleitern wecken. Und wenn sich ein Pharmaunternehmen bereits in einer frühen Phase für ein Projekt interessiert, ist es auch viel leichter, Venture Capital zu akquirieren.

---

[2]Mithilfe der Elektrophorese lassen sich Moleküle voneinander trennen und in Bandenmustern sichtbar machen.

Für mich selbst überraschend habe ich am Verkauf und an den Kundenkontakten durchaus Spaß. Zuvor hatte ich unterschätzt, dass der Launch und der Verkauf eines Produkts ein hohes Maß an geistiger Arbeit und Fantasie erfordern. Seitdem schätze ich gute Marketingleute und arbeite gerne mit diesen zusammen.

▶ Warum haben Sie das zweite und weitere Unternehmen gegründet?

Diese Gründungen sind fast alle als Projektideen an mich herangetragen worden, zum Teil von ganz hochrangigen Forschern – mit dem Vorschlag, daraus eine Firma zu machen. Wenn mir das Projekt zusagte, habe ich die Gründung und die Finanzierung in die Hand genommen.

Andere Gründungen resultierten aus meinen guten Kontakten zu Max-Planck-Innovation, einer Organisation, die sich um die Kommerzialisierung wissenschaftlicher Forschungsergebnisse aus der Max-Planck-Gesellschaft kümmert. Ihre Lizenzangebote habe ich mir sehr genau angesehen und bei Interesse an den Bieterwettbewerben teilgenommen.

Nach dem Verkauf der Biometra ist auf diese Weise eine Reihe weiterer Unternehmen entstanden. Ich habe mich im Schnitt alle fünf Jahre mit einem anderen, für mich neuen Fachgebiet beschäftigt. Da es sich jeweils um ganz andere Geschäftsfelder handelte, waren hier auch immer, wie bereits erwähnt, neue Firmengründungen notwendig. Allerdings würde ich nicht behaupten, dass ich „Serial Entrepreneur“ bin, das hat sich vielmehr so ergeben: Ich habe viele Angebote mit interessanten Projekten für Firmengründungen erhalten und konnte auswählen. Sehr wichtig war und ist mir bei meinen Unternehmen, dass diese eine fundierte wissenschaftliche Basis haben. Ein Unternehmen war für mich immer die Möglichkeit, gute Wissenschaft zu betreiben, diese finanziert zu bekommen und ein innovatives Produkt zu entwickeln. Meist erfolgten diese Gründungen auch gemeinsam mit Kollegen aus der Wissenschaft.

Meine zweite Unternehmensgründung im Jahr 1993 war die IBA. Es ging wieder um Erkenntnisse aus der Max-Planck-Forschung, dieses Mal um eine Technologie zur Aufreinigung von Proteinen, die „Strep-Tag-Technologie“. Das Land Niedersachsen kam auf mich zu und bot mir beim Auf- und Ausbau der IBA Unterstützung an. Sie entwickelten ein Modell, bei dem ich ein Labor aufbauen konnte und hierfür ein Landesdarlehen zur Verfügung hatte. Durch die IBA ist die Strep-Tag-Technologie zu einem der weltweit meist genutzten Forschungstools für die Reinigung von Proteinen geworden.

Die Labors von IBA konnte ich zudem nutzen, um weitere eigene Forschung und Entwicklung zu betreiben. Im gleichen Jahr habe ich die Ribonetics gegründet. Mit rund 40 Mitarbeitern haben wir synthetische Nukleinsäuren als Bausteine für Therapie und Diagnostik entwickelt. Als Biochemiker hat mich dieses Thema interessiert, und ich hatte hier einen guten fachlichen Background. Zudem gelang es, qualifizierte Mitarbeiter aus dem In- und Ausland einzustellen und – für mich zum ersten Mal – eine Venture-Capital-Finanzierung einzubringen. Meine Anteile an dem Unternehmen konnte ich an die amerikanischen Investoren verkaufen. Es war mein erster erfolgreicher „Exit".

Mit dem Verkauf der Biometra und der Ribonetics galt ich in der Branche bereits als erfolgreicher Entrepreneur. Somit wurde ich immer wieder mit attraktiven Ideen angesprochen. Im Jahr 1997 habe ich die DeveloGen zusammen mit den beiden Max-Planck-Wissenschaftlern Professor Peter Gruss und Professor Herbert Jäckle gegründet. Diese beiden Wissenschaftler kannte ich noch aus meiner langjährigen Tätigkeit beim Max-Planck-Institut für biophysikalische Chemie in Göttingen. Wir haben versucht, ganz neue Therapieansätze gegen Diabetes und Fettleibigkeit zu entwickeln. Es gelang uns, relativ hohe Summen an Venture Capital einzuwerben. Nach fünf Jahren bin ich plangemäß aus dem Unternehmen ausgestiegen. Die Firma konnte sich leider nach meinem Ausscheiden nicht wie geplant weiterentwickeln. Eines der Projekte befindet sich jedoch in einer späten Phase der klinischen Entwicklung bei einer großen Pharmafirma.

Bald kam wieder ein neues Angebot auf mich zu. Es ging um die Entwicklung von Medikamenten gegen Depression auf der Basis eines neu entdeckten „Depressionsgens". Wir konnten wiederum Venture Capital akquirieren und die Affectis aufbauen. Trotz des extrem innovativen Ansatzes konnten wir das geplante Projekt nicht in eine klinische Überprüfung vorantreiben. Die Entwicklung eines Medikaments scheiterte, wie so oft bei der Entwicklung von Medikamenten, an der Medizinalchemie. Wir konnten keinen klinisch erprobbaren Wirkstoff identifizieren. Ein zweites Projekt haben wir bis in eine klinische Phase vorangetrieben, allerdings konnte kein Partner aus der Pharmaindustrie für die Weiterentwicklung gewonnen werden. Ein Projekt in dieser Phase kann aufgrund des hohen Kapitalbedarfs nur zusammen mit einem großen Pharmaunternehmen entwickelt werden.

Als Spin-off aus meinem zweiten Unternehmen IBA habe ich im Jahr 2005 die Stage Cell Therapeutics gegründet. IBA selbst ist eine Firma, die Geräte und Consumables für die Wissenschaft entwickelt und verkauft. IBA dient mir zudem als Inkubator für innovative Projekte. Wenn diese einen gewissen Entwicklungsgrad erreicht haben, gründe ich eine neue Firma aus, da ich andere Strukturen, Mitarbeiter etc. benötige. Stage ist in der Zelltherapie tätig, einem Gebiet, das in Zukunft entscheidend für die Krebstherapie sein wird. Gerade in den USA werden auf diesem Gebiet starke Forschungsanstrengungen betrieben. Vor Kurzem ist mir mit dem Verkauf von Stage ein weiterer „Exit" gelungen: Die Firma wurde von Juno Therapeutics aus Seattle gekauft. Juno war sehr an der von uns entwickelten Technologie zur reversiblen Aufreinigung von T-Zellen[3] aus Blut interessiert. Diese Technologie kann entscheidend zum Gelingen ihrer Krebstherapie beitragen.

Von mir gegründete Unternehmen, wie die IBA oder auch die Synaptic Systems, sind profitable konventionelle Firmen. Diese ermöglichen es mir, neue Projekte jetzt auch aus dem Eigenkapital zu finanzieren. Dies ist ein großer Vorteil in Bezug auf die Unabhängigkeit. Besonders gilt dies für mein neues Unternehmen, die Cell.Copedia, die ich im Jahr 2012 in Leipzig gegründet habe. Hier entwickeln wir Vollautomaten zur Zellaufreinigung aus Blut, die auf eigenen Patentanmeldungen basieren.

▶ Wie konnten Sie qualifizierte Personen zur Mitwirkung an Ihren vielen verschiedenen Unternehmen überzeugen?

Viele meiner Unternehmen waren und sind in Göttingen angesiedelt. Diese Stadt ist natürlich nicht so ein attraktiver Ort wie München oder Berlin. Das kann ich einerseits durch gute Gehälter kompensieren, andererseits gibt es immer Wissenschaftler in einem bestimmten Lebensalter, die davon überzeugt sind, dass ihre Kinder am besten in so einer kleinen Universitätsstadt aufwachsen können. Bei der Akquise und Einstellung von Mitarbeitern hat mir stets mein wissenschaftliches Netzwerk geholfen. Dieses habe ich immer konsequent und aufwendig gepflegt. Mein Netzwerk ist auch heute noch sehr wissenschaftsorientiert. Natürlich habe ich inzwischen auch viele Kontakte in die Wirtschaft.

▶ Was treibt Sie an? Was bedeutet für Sie Erfolg?

Für mich ist Erfolg, aufgrund meines persönlichen Werdegangs gute Wissenschaft mit der Aussicht auf innovative Produktentwicklungen durch eine Unternehmensgründung erfolgreich zu kommerzialisieren. Unternehmen waren für mich immer eine Möglichkeit, anspruchsvolle zielgerichtete Forschung und Entwicklung zu betreiben, ein gutes Team zu finden und ausreichend finanzielle Mittel zu akquirieren. Wenn ein Projekt scheitert, weil beispielsweise kein Wirkstoffkandidat

[3]T-Zellen gehören zu den Lymphozyten und spielen im Immunsystem eine wichtige Rolle.

gefunden werden konnte, sehe ich dies nicht als Misserfolg. Wenn man zielorientiert gearbeitet hat und das hohe Risiko von Anfang an allen Beteiligten klar war, dann war es zumindest meist ein wissenschaftlicher Erfolg, der publiziert werden konnte.

Der finanzielle Erfolg ist für mich insofern wichtig, als ich dann die Freiheit habe, mich mit interessanten Themen zu beschäftigen. Wenn ich ein Unternehmen erfolgreich verkaufen konnte, habe ich das Kapital stets genutzt, um andere innovative Projekte voranzutreiben.

6.2 Was Unternehmer von Dr. Herbert Stadler lernen können

Dr. Herbert Stadler war viele Jahre lang als Wissenschaftler in der Grundlagenforschung tätig, bevor er sich entschloss, Unternehmer zu werden. Für die Gründung seines ersten Unternehmens nutzte er wissenschaftliche Forschungsergebnisse seines bisherigen Arbeitgebers, der Max-Planck-Gesellschaft. Nach dem Verkauf dieses Unternehmens gründete er weitere Firmen, die stets auf Erkenntnissen aus der Wissenschaft basierten. Stadler verwendet hierbei seine Firmen als Instrumente, um diese Erkenntnisse zu innovativen Produkten weiterzuentwickeln und die hierfür erforderlichen finanziellen Mittel zu akquirieren.

Stadlers Erfahrungen betreffen den Aufbau und die Nutzung von wissenschaftlichen Netzwerken als Ideenlieferanten, die Akquise und Steuerung von Ressourcen sowie die Ausrichtung der unternehmerischen Aktivitäten auf den Markt. An seiner Tätigkeit als Unternehmer schätzt er besonders die Freiheit, sich mit den Themen zu beschäftigen, die ihn interessieren. Nachfolgend werden diese Erkenntnisse beschrieben und ergänzt.

6.2.1 Freiräume als Unternehmer wahrnehmen und gestalten

Stadler qualifizierte sich für eine Karriere in der Wissenschaft, auch durch eine Habilitation, und verfolgte diesen Weg viele Jahre lang. Sein Antrieb war es, neue wissenschaftliche Erkenntnisse in der Grundlagenforschung zu schaffen. Ihm fehlten jedoch zwei Dinge: 1) die Freiräume, sich jeweils mit dem Fachgebiet zu beschäftigen, das ihn gerade interessierte; 2) die Anwendung der wissenschaftlichen Erkenntnisse, d. h. eine Weiterentwicklung dieser Erkenntnisse zu innovativen Produkten, die auf dem Markt bestehen können. Diese Freiheiten konnte ihm die akademische Karriere nicht bieten, da ein Wissenschaftler in einer Forschungsorganisation oder Universität in hohem Maße von seinen Fördermittelgebern abhängig ist. Diese bestimmen vielfach, welche Projekte durchgeführt werden.

Stadler wollte mehr Gestaltungsspielraum. Er nahm das Risiko auf sich und kündigte seine Festanstellung bei der Max-Planck-Gesellschaft. Er behielt sich kein Rückkehrrecht vor, sondern verwendete seine Abfindung für den Aufbau des ersten Unternehmens. Ein solcher Schritt ist für einen Wissenschaftler sehr ungewöhnlich: Die meisten Spin-off-Gründer halten sich eine Rückkehrmöglichkeit in ihre Forschungsorganisation oder Universität offen, indem sie beispielsweise in der Neugründung nur in Teilzeit arbeiten (Hemer et al. 2006). Dies ist auch heute noch so: In Hightechbranchen sind über 70 % der Wissenschaftler nur im Nebenerwerb als Unternehmer aktiv. Die Wissenschaftler geben somit ihre Haupterwerbsquelle nicht auf, da meist einige Jahren vergehen, bis die Ergebnisse eigener Forschungsarbeiten in neue Produkte umgesetzt werden können (Gottschalk 2016).

Der Wunsch nach Unabhängigkeit und Freiheit trieb Stadler auch in seiner Karriere als Unternehmer voran: Als er sein erstes Unternehmen erfolgreich verkauft hatte, nutzte er das Kapital, um sich mit seinen nächsten Unternehmen Fachgebieten zu widmen, die ihn interessierten. Stadler ist nach seinen eigenen Worten sehr wissenschaftsorientiert: Sein Ziel ist es, wissenschaftliche Ergebnisse so weit zu entwickeln, dass sie als innovative Produkte verkaufbar sind. Seine Kunden sind bei der Medikamentenentwicklung große Pharmafirmen, bei Laborgeräten die Endkunden in Wissenschaft und Wirtschaft. Den Unternehmensaufbau und Vertrieb überlässt er lieber anderen Personen, beschäftigt sich aber in der Anfangsphase jedes Unternehmens durchaus mit diesen Themen.

Stadlers Unternehmen haben somit stets eine wissenschaftliche Basis. Teilweise nutzt er hierfür eigene Forschungsergebnisse, teilweise solche aus seinem Wissenschaftsnetzwerk. Als er bei seinem ersten Unternehmen, Biometra, erkannt hatte, dass die ursprünglich geplanten Produkte für den Markt nicht attraktiv waren, lizenzierte er andere wissenschaftliche Ergebnisse von Max-Planck und entwickelte zugleich eigene Ideen für neue Produkte. Da er als Gastwissenschaftler in Japan tätig gewesen war, hatte er dort den Trend zur Miniaturisierung erlebt. Diesen Trend setzte er erfolgreich bei der Entwicklung eigener Laborgeräte um. Dass das zuerst ins Auge gefasste Geschäftsmodell nicht funktioniert, ist typisch für viele Unternehmensgründungen, vor allem auch in der Biotechnologiebranche (s. Abschn. 9.1 Gespräch mit Serial Entrepreneur Dr. Karsten Henco).

Dieser Fokus auf „gute Wissenschaft" und die Entwicklung hochinnovativer Produkte bescherten Stadler einige unternehmerische Erfolge: So konnte er mehrere Unternehmen gewinnbringend verkaufen, teilweise an Investoren, teilweise an andere Unternehmen. Der erfolgreichste Exit gelang ihm vor Kurzem mit einem seiner späteren Unternehmen. Doch selbst wenn ein Projekt bzw. Unternehmen kommerziell nicht erfolgreich ist, ficht das Stadler nicht unbedingt an. Seine Erfolgsdefinition ist in gewissem Maße weiterhin wissenschaftlich geprägt: So ist es für ihn auch ein Erfolg, wenn ein Ergebnis publiziert werden konnte. Voraussetzung ist jedoch, dass allen Beteiligten das Risiko vorab bewusst war und mit den vorhandenen Mitteln das Bestmögliche versucht wurde.

Dass interessante wissenschaftliche Ergebnisse nicht unbedingt zu erfolgreichen Produkten führen müssen, ist eines der Learnings von Stadler. Dies kann folgende Ursachen haben: 1) Die Technologie bzw. Medizinalchemie funktioniert trotzt aller Bemühungen nicht. So können gerade bei der Medikamentenentwicklung in vielen Fällen keine geeigneten therapeutischen Wirkstoffe identifiziert werden. 2) Die wissenschaftlichen Erkenntnisse sind noch sehr weit von einem vermarktbaren Produkt entfernt. Es sind oft reine Forschungsergebnisse, Prototypen liegen nicht vor, die Anwendungsbereiche sind noch nicht identifiziert. Hier reichen oft die finanziellen Mittel oder die personellen Kapazitäten für eine Weiterentwicklung nicht aus. 3) In der Wissenschaft steht die Suche nach Wissen über der Erzielung von finanziellem Gewinn. Der Wissenschaftler hat als Unternehmensgründer keine kommerziell orientierten Wertvorstellungen und kann seine Erkenntnisse nicht aus Sicht des Kunden betrachten. Er sieht nicht, dass für das Produkt ein Kundennutzen vorhanden sein muss, da dies im wissenschaftlichen Bereich einfach kein Kriterium ist. Marktbetrachtungen sind für ihn nicht von Relevanz.

Stadler hat aus seiner ersten Unternehmensgründung gelernt, dass auch unternehmerische Themen von hoher Bedeutung sind. Dies betrifft die Wahl des geeigneten Geschäftsmodells, die formalen Aspekte der Firmengründung, die Firmenfinanzierung sowie den Aufbau von Marketing und Vertrieb.

6.2.2 Wissenschaftliche Netzwerke als Ideenlieferanten nutzen

Die meisten Ideen für Stadlers Unternehmen stammen aus seinem wissenschaftlichen Netzwerk – von einzelnen renommierten Wissenschaftlern oder von Max-Planck-Innovation, der Technologietransfereinrichtung der

Max-Planck-Gesellschaft. Stadler sah sich stets die Lizenzangebote genau an und wählte das eine oder andere interessante Angebot für sich aus. Wenn die Idee ihn ansprach, kümmerte er sich um die Firmengründung und die Finanzierung.

Voraussetzung hierfür sind gute Kontakte zu Wissenschaftlern und Wissenschaftsorganisationen auf internationalem Level. Wie Stadler erzählt, wendet er sehr viel Zeit für den Aufbau und die Pflege seines Netzwerks auf. Dieses war bei der Gründung seines ersten Unternehmens rein wissenschaftsorientiert. Den Schwerpunkt auf die Wissenschaft hat er bis heute beibehalten. Allerdings erweiterte er sein Netzwerk um relevante Kontakte in die Wirtschaft – seien es Venture-Capital-Geber, Industriepartner, Zulieferer oder Kunden. Stadler baut sich stets das Netzwerk auf, das er für sein spezielles Fachgebiet benötigt, und integriert hier auch Personen, die ihm beim Aufbau des Unternehmens Unterstützung leisten können.

Diese Vorgehensweise eines individuellen Netzwerkaufbaus wird auch in der wissenschaftlichen Literatur als zielführend angesehen (Newbert et al. 2013). Zudem wird Netzwerken generell ein positiver Einfluss auf den Erfolg von Unternehmensgründungen und Unternehmen zugeschrieben. Netzwerke können zu einem vereinfachten und auch kostenlosen Austausch von relevanten Informationen führen und den Zugang zu Kunden, Lieferanten und Mitarbeitern erleichtern. Zudem können sie dem neuen Unternehmen durch den Kontakt zu einflussreichen Personen eine hohe Legitimation und Reputation verleihen. Keine Einigkeit besteht jedoch hinsichtlich der Frage, zu welchem Zeitpunkt welche Art von Netzwerk die größte Auswirkung auf den Unternehmenserfolg hat (Stam et al. 2014).

Stadler wechselt etwa alle fünf Jahre sein Fachgebiet. Sein Netzwerk ist deshalb in stetem Wandel begriffen. So unterliegt er auch nicht der Gefahr, die von zu stabilen Netzwerken ausgeht und als „relationale und kognitive Eingeschlossenheit" bezeichnet wird (Maurer und Ebers 2006): Dies bedeutet, dass eine Person in ihrem bestehenden Netzwerk verharrt, auch wenn dieses für ihre Projekte nicht mehr zielführend ist. Aus Gewohnheit oder Pflichtgefühl wird viel Zeit für die Pflege der früheren Netzwerkpartner aufgewendet und es verbleibt kein Raum mehr für Kontakte zu neuen Personen (relationale Eingeschlossenheit). Zudem bleibt die Person mit ihren Denkmustern, Ansichten und Verhaltensweisen in den bestehenden Grenzen verhaftet, was neue Entwicklungen nahezu ausschließt (kognitive Eingeschlossenheit). Diese beiden Phänomene betreffen nicht nur einzelne Personen, sondern auch viele Unternehmen, die im Status quo verharren und nur noch ihr Routinegeschäft betreiben.

6.2.3 Ressourcen gezielt aufbauen und steuern

Sein Wissenschaftsnetzwerk ist für Stadler nicht nur interessant, weil es ihm Geschäftsideen liefert, sondern auch, weil er neue Mitarbeiter gewinnen kann. Da wissenschaftliche Erkenntnisse die Grundlage aller seiner Unternehmen sind, benötigt er Mitarbeiter, die diese Erkenntnisse verstehen und zu Produkten weiterentwickeln können. Durch seine guten Kontakte zu Wissenschaftlern weltweit kann er kompetente Personen für sein jeweiliges Unternehmen einstellen. Nach seinen Worten ist dies nicht immer ganz einfach, wenn man als Unternehmen in einer Kleinstadt sitzt.

Viel Erfahrung konnte Stadler auch hinsichtlich der Finanzierung seiner Unternehmen sammeln. So nutzt er verschiedene Finanzierungsinstrumente, abhängig von der Art der geplanten Projekte. Chancenreiche, aber riskante Entwicklungen im Pharmabereich lassen sich anfangs fast nur mit Venture Capital finanzieren. Stadler schloss hierzu Kontakte mit Venture-Capital-Gebern aus Deutschland, England und den USA. Seine Erfahrungen mit dieser Art von Investoren waren sehr unterschiedlich und reichten von positiver Überraschung bis hin zur Enttäuschung. Wie die wissenschaftliche Literatur zeigt, stellt sich die Auswahl der Venture-Capital-Geber für viele Unternehmer im Nachhinein als unbefriedigend heraus (Khanin und Turel 2014).

Als weitere Finanzierungsquellen nutzte Stadler staatliche Fördermittel und Bankkredite. Zudem reinvestierte er die Gewinne und Verkaufserlöse seiner vorhergehenden Unternehmen. Hier ist auch eine gewisse zeitliche Entwicklung zu sehen: Waren bei seinen früheren Unternehmen die Venture-Capital-Geber von Bedeutung, so investiert er heute vorwiegend die Gewinne aus seinen bestehenden Produktfirmen, um neue Ideen, Projekte und letztendlich Unternehmen zu finanzieren. Dies verschafft ihm wiederum eine größere Unabhängigkeit.

Die relativ neue Finanzierungsform des Crowdinvesting hat Stadler bisher nicht getestet. Wie eine Untersuchung des Instituts für Mittelstandsforschung Bonn zeigt, nutzen junge Unternehmen aus den Branchen IT und E-Commerce das Crowdinvesting am häufigsten zur Finanzierung ihrer Vorhaben, gefolgt von Dienstleistungen, der Biotechnologie und Medizintechnik sowie der Mode- und Spielwarenindustrie. Die durchschnittlich eingeworbenen Finanzmittel pro Projekt betragen bei der Gründung rund 166.000 EUR (Löher et al. 2015). Für die meisten Biotechnologieunternehmen ist dieser Betrag bei Weitem zu gering.

Stadler kann jedoch nicht nur auf finanzielle Ressourcen aufgrund seiner vorhergehenden Unternehmen zurückgreifen. Ganz wichtig für ihn ist auch die Nutzung des Labors seiner zweiten Firma IBA für neue Entwicklungen. Bei

IBA werden Ideen und Projekte so weit entwickelt, bis er entscheiden kann, ob es sinnvoll ist, diese fortzuführen. Wenn dies der Fall ist, gründet er ein neues Unternehmen.

Stadler lässt somit stets einige Entwicklungen parallel laufen und verteilt seine Ressourcen auf eine solche Art und Weise, dass er seine Projekte so weit wie möglich vorantreiben kann und eine möglichst hohe Wirkung erzielt. Diese Vorgehensweise wurde bei vielen Mehrfachgründern beobachtet: Diese verteilen die für ein neues Unternehmen benötigten Ressourcen aus ihren bestehenden Unternehmen neu oder können aufgrund ihrer bereits vorhandenen Netzwerkbeziehungen leichter Kapital akquirieren (Baptista et al. 2007).

6.2.4 Technologietransfer als Chance für Unternehmen begreifen

Technologietransfer bedeutet Wissenstransfer, d. h., neues Wissen wird von einem Träger (Wissenschaftler) zu einem Empfänger (Unternehmer) übertragen. Dieser Abschnitt behandelt in kurzer Form die relevanten Punkte eines Transfers von Erkenntnissen aus wissenschaftlichen Institutionen in Unternehmen.[4]

Unternehmen, seien es Mittelständler oder Konzerne, können Ideen aus der Wissenschaft aufgreifen, um eigene Innovationen zu schaffen. Dies kann sinnvoll sein, wenn keine eigene Forschungs- und Entwicklungsabteilung besteht oder bestimmte Kompetenzen für eine neue Produktentwicklung im Unternehmen nicht vorhanden sind. Zudem werden für Test- oder Prüfzwecke vielfach sehr teure Apparaturen benötigt, deren Anschaffung für Einzelfälle für den Unternehmer keinen Sinn ergibt. Die Ausschreibung von Abschlussarbeiten bietet die Möglichkeit, junge und qualifizierte Absolventen kennenzulernen und frühzeitig an das Unternehmen zu binden.

Für eine Zusammenarbeit von Wissenschaftlern und Unternehmern bzw. deren Initiierung besteht eine Vielzahl weiterer Möglichkeiten: Recherche in wissenschaftlichen Publikationen, Besuch von Kongressen, Vergabe von konkreten Forschungs- und Entwicklungsaufträgen, Forschungs- und Entwicklungskooperationen mit Wissenschaftlern, Personaltransfer (Beschäftigung eines Wissenschaftlers für eine bestimmte Zeit im eigenen Unternehmen), Inanspruchnahme von

---

[4]Heute wird viel Wert auf den gegenseitigen Austausch gelegt, der den Wissenstransfer von der Wirtschaft in die Wissenschaft einschließt. Dies soll jedoch hier nicht behandelt werden.

Patentlizenzen, Zusammenarbeit mit wissenschaftlichen Spin-offs, Etablierung eines eigenen Inkubators, um (wissenschaftliche) Start-ups zu fördern und an das Unternehmen zu binden. Innovative Methoden, um den Wissenstransfer zwischen Wissenschaft und Wirtschaft zu fördern, werden unter anderem im „Praxishandbuch Technologietransfer" vorgestellt (Piller und Hilgers 2013).

Ein Unternehmer sollte sich bewusst sein, dass Innovationen oft aus wissenschaftlichen Spin-offs oder neu gegründeten Technologieunternehmen stammen, und er sollte hier keine Berührungsängste haben. Auf die Zusammenarbeit mit der Wissenschaft sollte er sich jedoch gut vorbereiten und die Spielregeln genau festlegen. Diese betreffen beispielsweise bei Forschungs- und Entwicklungskooperationen die Verwertungsrechte an der entwickelten Technologie, die Veröffentlichung der Forschungsergebnisse und die wirtschaftliche Verwertbarkeit der Entwicklungen.

Überlegt ein Unternehmer, wissenschaftliche Forschungsergebnisse in Lizenz selbst zu verwerten oder mit einem Spin-off aus der Wissenschaft zusammenzuarbeiten, sollte er sich bewusst sein, dass es ein langer Weg vom Forschungsergebnis zum vermarktungsfähigen Produkt sein kann. So ging Drucker in den 1980er-Jahren noch von einer Zeitspanne von 25 bis 35 Jahren aus, bis aus reinem Wissen eine anwendbare Technologie entsteht, die dann langsam vom Markt akzeptiert wird (Drucker 1985). Die Technologien aus wissenschaftlichen Einrichtungen (Transferobjekte) befinden sich vielfach noch in einem sehr frühen Entwicklungsstadium, Prototypen sind oft nicht vorhanden. Auch wenn die Technologien überwiegend innovativ und erstklassig sind, ist das dahinterstehende reale Marktpotenzial oft gering oder wurde nur unzureichend analysiert (Hemer et al. 2006).

Deshalb sollte schon vor der Ausgründung bzw. Lizenzierung die Marktreife des Transferobjekts so weit wie möglich erhöht werden – sowohl hinsichtlich der Produktentwicklung als auch hinsichtlich der Vermarktungsfähigkeit. Die Herausforderungen, um aus dem Transferobjekt ein vermarktungsfähiges Produkt zu generieren, zeigt Tab. 6.1.

Für viele Unternehmen kann es sinnvoll sein, Kontakte zur Wissenschaft zu halten und nach neuen Ideen zu suchen. Die meisten Forschungsorganisationen und Hochschulen haben inzwischen eigene Transferstellen oder Ansprechpartner für den Technologietransfer, die Kontakte zu den Wissenschaftlern herstellen.

Ebenfalls genutzt werden können Transferorganisationen wie die Cluster auf Landes-, Bundes- und europäischer Ebene. Cluster vernetzen Unternehmen untereinander und mit wissenschaftlichen Einrichtungen. Sie bieten hierfür eine Vielzahl an gemeinsamen Projekten, Veranstaltungen und Informationen an.

Tab. 6.1 Herausforderungen, um aus einem wissenschaftlichen Forschungsergebnis ein vermarktungsfähiges Produkt zu generieren. (In Anlehnung an Nörr 2010)

Eigenschaften des Transferobjekts	Herausforderungen zur Generierung eines vermarktungsfähigen Produkts
Frühes Entwicklungsstadium, oftmals nur Forschungsergebnis	Lange Produktentwicklungszeiten müssen (finanziell) durchgehalten werden
Unsicherheit hinsichtlich Grad der Marktreife	Grad der Marktreife muss vor der Ausgründung ermittelt werden, um den Entwicklungsaufwand abzuschätzen
Vielfach disruptive Technologien	Wichtig sind die Kenntnis der Besonderheiten disruptiver Technologien (Vor- und Nachteile) und das frühzeitige Ergreifen von Maßnahmen
Vielfach tazites Wissen	Der Wissenschaftler sollte eine Schlüsselposition haben. Nur die Erfinder neuer Technologien haben die Geduld und das Engagement, diese auch weiterzuentwickeln. Tazites Wissen sollte möglichst rasch weitergegeben werden
Unsicherheit hinsichtlich Funktionsfähigkeit der Technologie	Der Proof of Technology[a] und die Erstellung des Prototypen müssen frühzeitig erfolgen, möglichst schon vor der Gründung
Gefahr des Overengineering bei der Produktentwicklung	Die Kundenbedürfnisse müssen frühzeitig ermittelt und ein Marketingverantwortlicher einbezogen werden
Breite und wenig bekannte Anwendungsmöglichkeiten	Die Anwendungsmöglichkeiten müssen frühzeitig identifiziert werden. Auf die geeignetsten Möglichkeiten muss fokussiert werden
Unbekannter Markt und Marktpotenzial	Märkte, Kunden und deren Bedürfnisse müssen frühzeitig und genau analysiert werden
Unklarheit hinsichtlich der Patentsituation; Patente werden von der Forschungsorganisation oder Hochschule nicht herausgegeben	Notwendig ist eine transparente Patentpolitik der Forschungsorganisation. Wenn Lizenzen vergeben werden, sollten dies exklusive Lizenzen sein

[a]Proof of Technology = Prüfung der technologischen Machbarkeit

Alle Bundesländer haben eigene Clusterinitiativen gegründet: So gibt es beispielsweise die Clusteroffensive Bayern, die sich auf 19 Clusterplattformen in den Bereichen Digitalisierung, Energie, Gesundheit, Materialien und Mobilität konzentriert. In Deutschland vereint das Programm „go-cluster" 99 Innovationscluster aus allen Regionen Deutschlands. Auf europäischer Ebene fördern die einzelnen Länder mit innovations- und clusterbezogenen Maßnahmen die Entwicklung von zukunftsfähigen, wettbewerbsstarken Regionen (Clusterplattformen 2015). Laut Gutachten der Expertenkommission Forschung und Innovation (EFI) treten Gründungen von Start-ups in Hightechbranchen besonders häufig in Clustern auf. Zudem wirken sich Cluster positiv auf regionale Patentaktivitäten aus (EFI 2015).

6.2.5 Tipps für Unternehmer und Unternehmensgründer

Tipps für Unternehmer

- Wenn ein Bedarf an Innovationen besteht, sollte überlegt werden, ob die Wissenschaft Ideen für innovative Produkte und Technologien liefern kann bzw. es bereits Technologieangebote gibt, die in das eigene Unternehmen passen.
- Um zeitnah über neue Ideen und Technologien informiert zu sein, können Netzwerke zu wichtigen Wissenschaftlern und Technologietransferstellen aufgebaut werden.
- Ein Unternehmer sollte die vielfältigen Kooperationsmöglichkeiten mit der Wissenschaft kennen, beispielsweise die Durchführung von gemeinsamen Forschungs- und Entwicklungsprojekten oder die Vergabe von Abschlussarbeiten.
- Wenn direkt Forschungsergebnisse aus der Wissenschaft verwertet werden sollen, sind in der Regel sehr lange Entwicklungszeiten einzuplanen.
- Grundsätzlich sollten keine Berührungsängste zur Wissenschaft bestehen.

Weitere Tipps für Unternehmensgründer – auch aus der Wissenschaft

- Ein Wissenschaftler sollte sich darüber klar werden, ob er als Wissenschaftler und/oder als Unternehmer arbeiten möchte.
- Hat ein Wissenschaftler Interesse an der Verwertung seiner Forschungsergebnisse am Markt, sollte er diese auf die Kommerzialisierbarkeit hin prüfen. Unterstützung liefern Technologietransferstellen, Cluster und Berater.
- Das Wissenschaftsnetzwerk sollte auch nach der Unternehmensgründung gepflegt werden, um einen regelmäßigen Ideenzufluss zu gewährleisten.
- Das Wissenschaftsnetzwerk muss mit der Zeit um relevante Kontakte in die Wirtschaft ergänzt werden.
- Unternehmensgründer sollten alle vorhandenen Ressourcen überlegt auf die Unternehmen und Projekte verteilen. Dies betrifft personelle, finanzielle und materielle Ressourcen.
- Wenn möglich, sollte ein Unternehmensgründer sich nicht zu stark von externen Investoren abhängig machen. Es sollte versucht werden, schon in einer frühen Phase eigene Umsätze durch Dienstleistungen und Beratung zu generieren. Später kann der Verkaufserlös des bestehenden Unternehmens für den Aufbau eines neuen Unternehmens genutzt werden.

Literatur

Baptista, Rui, Murat Karaöz, und Joana Mendonça. 2007. Entrepreneurial backgrounds, human capital and start-up success. Jena Research Paper Nr. 2007–045. http://www.econstor.eu/bitstream/10419/25610/1/547162960.PDF. Zugegriffen: 09. März 2016.

Clusterplattformen. 2015. Bayern https://www.cluster-bayern.de. Deutschland http://www.clusterplattform.de/CLUSTER/Navigation/DE/Bund/bund.html. Europa http://www.clusterplattform.de/CLUSTER/Navigation/DE/Europa/europa.html. Zugegriffen: 09. März 2016.

Drucker, Peter F. 1985. *Innovation and entrepreneurship. Practice and principles*. New York: Harper Collins.

Expertenkommission Forschung und Innovation (EFI). Hrsg. 2015. Gutachten 2015 zu Forschung, Innovation und technologischer Leistungsfähigkeit Deutschlands. Berlin: EFI 2015.

Gottschalk, Sandra. 2016. Nebenerwerbsgründung als Chance für neue Produkte. Junge Unternehmen. März 2016. Mannheim: ZEW. http://www.zew.de/fileadmin/FTP/junge-unternehmen/jungeunternehmen_0316.pdf. Zugegriffen: 09. März 2016.

Hemer, Joachim, et al. 2006. Erfolgsfaktoren für Unternehmensausgründungen aus der Wissenschaft. Success Factors for Academic Spin-offs. Stuttgart: Fraunhofer IRB. http://www.isi.fraunhofer.de/isi-wAssets/docs/p/de/publikationen/TLF-Spin-Offs_Zusammenfassung.pdf. Zugegriffen: 09. März 2016.

Khanin, Dmitry, und Ofir Turel. 2014. Conflicts and regrets in the venture capitalist – Entrepreneur relationship. *Journal of Small Business Management* 53 (4): 949–969.

Löher, Jonas, et al. 2015. Unternehmensgründungen und Crowdinvesting. IfM Bonn: IfM Materialien Nr. 241. http://www.ifm-bonn.org/uploads/tx_ifmstudies/IfM-Materialien-241_2015.pdf. Zugegriffen: 09. März 2016.

Maurer, Indre, und Mark Ebers. 2006. Dynamics of social capital and their performance implications: Lessons from biotechnology start-ups. *Administrative Science Quarterly* 51 (2): 262–292.

Newbert, Scott L., Erno T. Tornikoski, und Narda R. Quigley. 2013. Exploring the evolution of supporter networks in the creation of new organizations. *Journal of Business Venturing* 28 (2): 281–298.

Nörr, Monika. 2010. *Spin-Offs: Wie Wissenschaftler zu Unternehmern werden. Anforderungen an den Gründer und das Transferobjekt*. Hamburg: Diplomica.

Nörr, Monika. 2015. Analyse der Entwicklung von Serial Entrepreneurs aus Hightech-Branchen – mit einem Schwerpunkt auf dem Human- und Sozialkapital. Dissertation. Hamburg: Dr. Kovač.

Piller, Frank T., und Dennis Hilgers, Hrsg. 2013. Praxishandbuch Technologietransfer. Innovative Methoden zum Transfer wissenschaftlicher Ergebnisse in die industrielle Anwendung. Düsseldorf: Symposion. http://www.dgm.de/dgm/images/Praxishandbuch_Technologietransfer.pdf. Zugegriffen: 09. März 2016.

Stam, Wouter, Souren Arzlanian, und Tom Elfring. 2014. Social capital of entrepreneurs and small firm performance: A meta-analysis of contextual and methodological moderators. *Journal of Business Venturing* 29 (1): 152–173.

7 Unternehmensaufbau und Stabilität: Innovationen hinzukaufen und selbst entwickeln

Unternehmensaufbau macht mir einen Riesenspaß.

Zusammenfassung
Ein Unternehmensgründer hat über einige Jahre hinweg ein erfolgreiches Unternehmen aufgebaut. Wie kann er dieses nun langfristig sichern? Wie kann er die Voraussetzungen schaffen, dass das Unternehmen möglichst Jahre später noch auf dem Markt ist? Auf diese Fragen gibt es keine allgemeingültigen Antworten, da jedes Unternehmen in seiner Kombination aus den Menschen, seiner Unternehmensstruktur und seinem Leistungsangebot einzigartig ist. Jeder Unternehmer muss hier seinen eigenen Weg finden und diesen konsequent verfolgen. Der Serial Entrepreneur Amir Roughani hat die Strategie der Diversifikation gewählt. Er stellt sein Unternehmen so auf, dass es durch kontinuierliche Innovationen auf dem Markt bestehen kann. Seine Innovationsfähigkeit sichert er sich durch Eigenentwicklungen und Zukäufe. Im persönlichen Gespräch berichtet er von seinem Werdegang als Mehrfachgründer und seinen Erfahrungen.

Amir Roughani, Geschäftsführer, Vispiron GmbH
Amir Roughani (s. Abb. 7.1) kam aufgrund des Irak-Kriegs in einem Alter von 11 Jahren von Isfahan im Iran nach Berlin. Nach seinem Hauptschulabschluss absolvierte er eine Ausbildung zum Chemikanten bei der Schering AG. Anschließend holte er die mittlere Reife sowie die fachgebundene Hochschulreife nach und studierte in Berlin Wirtschaftsingenieurwesen (FH). Nach dem Studium begann er im Jahr 2000 ein

M. Nörr, *Key Learnings aus dem Serial Entrepreneurship*,
DOI 10.1007/978-3-658-13084-8_7

Abb. 7.1 Serial Entrepreneur Amir Roughani. (© Amir Roughani)

Angestelltenverhältnis bei der Ascena AG in München als Key Account Manager für Großkunden und wechselte dann zu einem seiner Kunden, der Kirch-Gruppe (BetaResearch GmbH) in München als Key Account Manager für Verschlüsselungstechnologien. Die Kirch-Gruppe ging im Jahr 2002 insolvent, BetaResearch wurde als Management-Buy-out (MBO) weitergeführt.

Roughani hat 27 Unternehmen gegründet: Zuerst die axis Engineering GmbH, die mit einer kompletten Neuausrichtung in die Vispiron GmbH umfirmiert wurde. Die Unternehmen von Roughani sind überwiegend Kommanditgesellschaften (GmbH & Co. KG), die als Projektgesellschaften für eine Solaranlage oder ein Solarkraftwerk gegründet wurden. Hintergrund hierzu ist, dass die Investoren diese Firmenkonstruktion für den Einstieg bevorzugen.

Die Axis Engineering GmbH gründete Roughani im Jahr 2002 im Technologie- und Gründerzentrum gate in Garching bei München. Roughani bot Ingenieurdienstleistungen im IT-Bereich an. Das Unternehmen wuchs sehr schnell und beschäftigte im Jahr 2007 rund 120 Mitarbeiter.

Die Vispiron GmbH etablierte Roughani im Jahr 2008 in München, wobei die Axis Engineering in die Vispiron umfirmiert wurde. Vispiron steht für „Vision“ und „Inspiration“. Mit der Umfirmierung ging eine völlige Neuausrichtung des Unternehmens als Produktions- und Technologieunternehmen einher. Die Vispiron beruht auf verschiedenen Standbeinen:

Technologiedienstleistungen, Messtechnik, Flottenmanagement, Energie und Digitalisierung. Die Vispiron setzt sich heute aus mehreren operativ tätigen Unternehmen zusammen, welche die Geschäftsfelder des Unternehmens widerspiegeln. Die GmbH-Struktur wurde vor einigen Jahren eingeführt:

- In der Vispiron Engineering GmbH ist das Geschäftsfeld Technologiedienstleistungen in den Bereichen Elektro- und IT-Technik gebündelt. Hier ist auch die im Jahr 2015 erworbene everywhere GmbH integriert, die Business Apps entwickelt und Kompetenzen in der Digitalisierung besitzt.
- Die Vispiron Rotec GmbH integriert die im Jahr 2008 übernommene Rotec-Messtechnik für Drehschwingungsanalyse von Motoren, Getrieben und Turbinen. Die Firma Rotec hat Roughani auf Vorschlag der Hausbank gekauft.
- In der Vispiron Energy GmbH & Co. KG sind die Aktivitäten des Geschäftsfelds Energie verankert: Hier werden Montagesysteme für Fotovoltaikmodule entwickelt und verkauft sowie Fotovoltaikkraftwerke als Generalunternehmer gebaut.
- Die Vispiron Carsync GmbH beruht auf der Übernahme der Pincar AG im Jahr 2009. Entwickelt und vermarktet wird ein Fahrtenbuchmanagementsystem als modulare Flottenlösung für Fuhrparks.

Roughani ist in allen Bereichen Geschäftsführer, teilweise ist ein zweiter Geschäftsführer vorhanden. Die Vispiron beschäftigte im Jahr 2014 380 Mitarbeiter, davon 80 auf freiberuflicher Basis. Es wurde ein Umsatz von rund 40 Mio. EUR erzielt.

Roughani hat mit seinen Unternehmen zahlreiche Preise gewonnen, u. a. im Jahr 2007 den Bayerischen Gründerpreis und Bayerns Best 50. Zudem erhielt Roughani im Jahr 2014 die Auszeichnung „Entrepreneur of the Year“ in der Kategorie „Dienstleistung/IT“. Zuvor war er dreimal für die Finalistenrunde nominiert worden. Roughani engagiert sich in sozialen Projekten, unter anderem der Deutschen Sporthilfe sowie der Deutsch-Iranischen Krebshilfe.

Quelle: Nörr 2015

7.1 Gespräch mit Serial Entrepreneur Amir Roughani

▶ Wie und warum sind Sie zum Unternehmer geworden?

Das war nicht geplant, das war mein Schicksal. Ich hatte eine Anstellung, in der ich zufrieden und glücklich war. Aufgrund einer Verschlechterung der wirtschaftlichen Situation dieses Unternehmens musste ich mich entscheiden, ob ich mich an einem Management-Buy-out meines ehemaligen Chefs beteilige oder ob ich selbst ein Unternehmen gründe. Zudem war ich etwas frustriert, dass ich zwar stets sehr gute Leistungen erbrachte, aber nach ein oder zwei Jahren immer wieder an einer anderen Hürde scheiterte. Ich habe mich dann für die Selbstständigkeit entschieden, denn eines wusste ich schon nach drei Jahren Berufserfahrung: So schlimm, wie ich ursprünglich dachte, ist das Unternehmertum nicht. Und auch die Anforderungen sind erfüllbar. Letztendlich sind Firmengründung und Firmenführung Werkzeuge, die erlernbar, anwendbar und beherrschbar sind. Zu dieser Erkenntnis kam noch das Wissen, dass ich mich zuvor erfolgreich mit dem Geschäftsmodell IT-Dienstleistungen positionieren konnte. Dieses Geschäftsmodell war der Kern meines ersten Unternehmens, der Axis Engineering.

▶ Woher kam Ihre Erkenntnis, dass die Firmenführung ein erlernbares Werkzeug ist?

Das habe ich ganz klar an Managemententscheidungen gesehen – wie sich diese Entscheidungen anbahnen, wie das Management sich über die Sachlage informiert und diskutiert, welche Entscheidungen anschließend getroffen werden und welche Auswirkungen das auf die Mitarbeiter hat, also welche Folgen daraus resultieren. Und irgendwann habe ich gesehen, wenn sie das jetzt so entscheiden, dann ist das die falsche Entscheidung. Ich habe jedes Mal die Auswirkungen beobachtet, wie das bei der Belegschaft ankam und in welche Richtung sich das Unternehmen entwickelt hat, obwohl man das gar nicht so wollte.

▶ Wie sind Sie zu Ihrem ersten Kunden gekommen?

Ich habe von zu Hause aus akquiriert, ohne eine eigene Website zu haben. Natürlich habe ich meine alten Kunden angerufen, mich dort wieder vorgestellt und erzählt, was ich tue. BMW war mein erster Kunde, denen ging es damals als einzigem Großkonzern wirklich gut. Nach drei bis vier Monaten hatte ich dort mein erstes Projekt akquiriert. Es lief deutlich besser, als ich es erwartet hatte.

Warum haben Sie das zweite Unternehmen gegründet?

Das zweite Unternehmen war nicht direkt eine Neugründung, sondern eine Übernahme – mit dem neuen Namen „Vispiron". Wir hatten nach fünf Jahren den Bayerischen Gründerpreis gewonnen. Daraufhin stellt dir jeder die Frage: Wie geht es jetzt weiter? Erst ab diesem Moment habe ich mir Gedanken über eine Vision und eine Strategie gemacht. Zuvor war das kein Thema. Zuvor habe ich 24 h und sieben Tage die Woche gearbeitet, um mir den Lebensunterhalt zu verdienen. Natürlich gab es einen Businessplan, aber der war formal für die Banken.

Als ich mit dieser Frage konfrontiert wurde, habe ich mich mit dem Thema intensiver auseinandergesetzt und erkannt, dass es etwas gibt, das mir damals wichtig war und heute immer noch wichtig ist: Ich wollte eine stabile Firma haben. Ich wollte die Situation vermeiden, dass ich meine jungen Mitarbeiter irgendwann entlassen muss. Und diese Sorge rührte daher, dass wir damals 90 % der Umsätze mit BMW erzielten. Meine Erkenntnis war: Um Sicherheit für die Mitarbeiter zu gewinnen und eine kontinuierliche Entwicklung sowie Wachstum zu ermöglichen, muss ich eine gewisse Unabhängigkeit haben. Und diese Unabhängigkeit kann ich erreichen, wenn ich in verschiedenen Bereichen tätig bin und mehrere Standbeine habe.

Ein Schlüsselerlebnis hat mich zusätzlich darin bestärkt, meine Unabhängigkeit zu bewahren: Im Jahr 2007 wollte ein großer Konzern in meine Firma einsteigen. Die Verträge waren bereits unterschriftsreif ausgehandelt, ein Teil der Mitarbeiter schon umgezogen, aber im letzten Moment hat der Konzern seine Beteiligung abgesagt. Das war dann eine Woche richtig hart für mich, weil ich mich mit der Beteiligung bereits angefreundet hatte. Aber als ich alles noch einmal Revue passieren ließ, habe ich festgestellt, dass trotz des Einstiegs des Partners alle Risiken weiterhin bei mir verblieben wären. Das ging bis zu dem Punkt, dass der Konzern den Kaufpreis von meinen Hinterbliebenen hätte zurückverlangen können, wenn ich morgen nicht mehr leben und die Geschäfte zusammenbrechen würden. Dieses Erlebnis hat mir gezeigt: Die Zielsetzung, ein stabiles Unternehmen zu schaffen mit einem großen Partner, der langfristig für uns sorgt, die hätte ich nicht erreicht. Stabilität und Sicherheit muss ich selbst schaffen. Das war der Auftakt dazu, die Firma in ein Technologieunternehmen umzubauen.

Im Nachhinein war das eine richtig gute Lernkurve für mich: Mit dem Konzern hätten wir nur das Geschäftsmodell der Ingenieurdienstleistungen weiter ausgebaut, alles andere hätte ich nicht machen dürfen. Die unternehmerische Entfaltung kam erst nach diesem Erlebnis. Davor hatte ich gar keine Ambitionen, weitere Firmen zu gründen oder Innovationen zu schaffen. Ich habe mir damals gesagt: Jetzt erst recht, jetzt zeige ich es den anderen, dass ich es auch alleine schaffe – das hat mich herausgefordert. Bis heute sind wir eigenständig.

▶ Wie haben Sie Ihre Unabhängigkeit erreicht? Durch Eigenentwicklungen oder durch Zukauf?

Anfangs durch Zukauf. Von unserer Hausbank wurde uns der Kauf der Firma Rotec vorgeschlagen, unserer heutigen Messtechniksparte. Das war damals eine Entscheidung nach Bauchgefühl, also eine eher emotionale Entscheidung. Rotec war ein recht gut aufgestelltes Unternehmen, alles war diszipliniert, aufgeräumt, strukturiert – mit einem guten Produktportfolio. Natürlich haben wir eine Due Dilligence gemacht, natürlich gab es Visionen hinsichtlich Synergien. Aber mir ging es um eines: Ich wollte den Umbau vorantreiben und ein Technologieunternehmen mit eigenen Produkten kreieren. Wir hatten zwar zuvor schon ein paar Sachen entwickelt, aber das waren Beiprodukte zu unseren Projekten, kleine Softwaretools, mit denen wir kein Geld verdient haben. Die Messtechnik war das erste Produkt im Portfolio, der erste Schritt zu einem innovativen Technologieunternehmen.

Kurz darauf haben wir die nächste Firma, Pincar, aus der Insolvenz aufgekauft. Hier entwickeln und vermarkten wir ein Fahrtenbuchmanagementsystem als modulare Flottenlösung für Fuhrparks.

Unser neuester Zukauf ist die everywhere aus München. Das Unternehmen hat Kompetenzen in der App-Entwicklung und in der Integration dieser Lösungen in die Geschäftsprozesse. Grund für den Kauf ist die fortschreitende Digitalisierung. Diese bietet enorme Chancen, sowohl was die Entwicklung neuer Geschäftsmodelle und Produkte als auch die Weiterentwicklung bestehender Produkte betrifft. Solche digitalen Lösungen werden stark von unseren Kunden nachgefragt.

▶ Haben Sie auch eigene Produkte entwickelt?

Ja, vor allem im Bereich Solarenergie. Ich bin Wirtschaftsingenieur mit dem Fachgebiet Umweltmanagement und habe mich in meinem Studium mit den Erneuerbaren Energien beschäftigt. Am Ende meines Studiums um das Jahr 2000 zeigte sich, dass das Thema keinen interessierte. Aber im Jahr 2008 war die Branche der Erneuerbaren Energien im Aufbruch. Mit einem meiner sehr jungen Mitarbeiter, der mit seinem Vater eine Solaranlage auf seine Berghütte gebaut hatte und ein Wasserkraftwerk besaß, habe ich den Bereich Solarenergie in Angriff genommen. Wir haben bald eine neue Firma gegründet, der Mitarbeiter war erst

Abteilungsleiter und dann sehr schnell Geschäftsführer. Wir wollten unsere Ingenieurdienstleistungen auf die Solarindustrie übertragen und reale Testszenarien in einem sehr aufwendigen Testpark darstellen. Ziel war es, durch den Test von Solarmodulen Investoren und Banken eine bessere Entscheidungsgrundlage zu liefern. Dieses Geschäftsmodell konnte jedoch zum damaligen Zeitpunkt nicht funktionieren. Die Solarmodule waren aufgrund der Boomphase auch ohne Tests schon längst verkauft. Die Idee war an sich gut, aber der Zeitpunkt war zu früh.

Wir waren kurz davor, den Bereich zu schließen. Auf Drängen meines Aufsichtsrats bin ich dann selbst in die Geschäftsführung gegangen und habe gesehen, dass unsere Ingenieure eigene Unterkonstruktionssysteme speziell für die Dünnschichttechnologie entwickelt hatten. So etwas gab es damals noch nicht auf dem Markt. Wir haben diese Systeme als Produkte angeboten und den Testpark zurückgefahren. Schon nach dem dritten Auftrag bekamen wir die ersten Anfragen, ob wir auch vollständige Solarparks planen und bauen könnten. Da wir bereits Erfahrungen mit dem eigenen Testpark hatten, haben wir solche Aufträge angenommen und sind zu einem Generalunternehmer geworden.

Wir haben uns innerhalb kurzer Zeit gut aufgestellt, der Markt boomte ja weiterhin. Allerdings hatten wir keinen Rahmenvertrag mit einem Modullieferanten. Uns haben die Konditionen nicht gefallen, das waren sehr langfristige Rahmenverträge mit knallharten Abnahmeverpflichtungen und Vorfinanzierungen. Im Nachhinein betrachtet, hätten wir bestimmt drei bis fünf Jahre lang richtig Geld verdient, wenn wir so einen Vertrag akzeptiert hätten. Aber gleichzeitig sind wir froh, dass wir es nicht gemacht haben. Aufgrund des boomartigen Wachstums haben diese Firmen eine große Overheadstruktur und Lagerhaltung aufgebaut. Sie haben immer mehr Abnahmeverpflichtungen akzeptiert, weil sie dachten, es geht in dieser Geschwindigkeit weiter – und haben dann viel verloren. Wir sind einen anderen Weg gegangen, von Projekt zu Projekt. Das haben wir auch zu unserer Stärke erklärt: Wir wachsen nicht so stark wie die anderen, das wollen wir auch nicht – dafür sind wir sicherer unterwegs. Wir haben keine Lagerhaltung, wir haben keine eigene Baumannschaft. Die Mitarbeiter haben wir stets für ein Projekt zugekauft. Auch wenn die Marge mitunter geringer war, für uns hat sich das als die richtige Vorgehensweise erwiesen. Wir haben seitdem jedes Jahr ein profitables Ergebnis erzielt, da wir unsere Kosten im Griff haben.

Für jeden Solarpark haben wir eine GmbH & Co. KG gegründet, da dieses Modell von den Käufern und Investoren bevorzugt wurde. Einige Solarparks haben wir selbst behalten und hierfür eigene Gesellschaften gegründet. Auf diese Weise haben wir uns eine relativ konstante Einnahmequelle geschaffen, welche die Unternehmensgruppe stärkt. Also die Philosophie der Stabilität, des stetigen Wachstums findet sich auch hier wieder, da wir unsere Gewinne reinvestieren.

Allerdings hat die Politik mit den Reformen des Erneuerbare-Energien-Gesetzes den Ausbau ausgebremst. Heute sind in Deutschland die Rahmenbedingungen für Erneuerbare Energien – und vor allem für Solar – nicht mehr günstig. Die Komponentenhersteller hatten in Deutschland lange eine führende Position, werden jedoch zunehmend von ausländischen Herstellern überholt. Wir verkaufen viel ins Ausland, denn es handelt sich bei den Erneuerbaren Energien um einen globalen Markt, der wächst und auch weiterhin wachsen wird.

Als weitere Eigenentwicklung möchte ich ein Produkt nennen, das den Ladezustand der Batterien von Elektroautos in Echtzeit anzeigt. Das Produkt wurde im Rahmen eines Forschungsprojekts für ein städtisches E-Taxi entwickelt. Diese Anzeige haben wir in unsere Software zum Flottenmanagement integriert. Auf diese Weise werden Elektrofahrzeuge untereinander und mit den Fahrern vernetzt. Der Fahrer weiß, ob die Batterie die nächste Fahrt ohne Nachladen erlaubt. Es lassen sich auch Fahrzeugpools managen. Ein Unternehmen kann abschätzen, wie viele Fahrzeuge es insgesamt benötigt.

► Suchen Sie stets aktiv nach neuen Geschäftschancen?

Wir suchen nicht unbedingt aktiv, aber wir verschließen uns nicht, wenn wir neue Möglichkeiten sehen. Wir haben genug zu tun. Ich habe inzwischen weitere Beteiligungen, die gar nichts mit Vispiron zu tun haben. In diesen Minderheitsbeteiligungen bin ich eher als Beirat und Berater mit drin. Gerade in der Solarindustrie gibt es jedoch immer wieder Insolvenzfälle oder Firmen, die in Schwierigkeiten geraten, die landen dann bei mir auf dem Tisch. Ich schaue mir diese an – und wenn es passt, dann kaufen wir sie, strukturieren die Finanzierung neu und verkaufen sie weiter oder betreiben sie selbst.

Allerdings veranlassen uns auch immer wieder äußere Gegebenheiten zu Anpassungen. Wenn Sie die Straße entlangfahren und auf einmal wird es einspurig, dann müssen Sie die Spur wechseln. Wenn jemand vor Ihnen bremst, müssen Sie auch bremsen. Wenn in einem Bereich nicht mehr so viel Geld verdient werden kann, suchen wir uns andere Bereiche. Es kann immer ein paar Jahre dauern, bis in einem neuen Bereich die ersten Umsätze generiert werden. Aber dafür haben wir die anderen Bereiche, die uns bis dahin finanzieren. Es gibt sozusagen profitable Bereiche und es gibt Start-ups. Und die profitablen Bereiche finanzieren die Start-ups, bis sie irgendwann selbst profitabel werden. Und wenn sie dann profitabel sind und sich etabliert haben, finanzieren sie die nächsten Start-ups. Als Geldgeber muss man auch Geduld mitbringen. Wettbewerber, die wir als sehr stark eingeschätzt haben, haben viel früher aufgegeben, da sie kein langfristiges

Finanzierungsmodell aufstellen konnten. Natürlich hätte ich in bestimmten Bereichen gerne deutlich weniger Geld ausgegeben, aber ich habe gesehen, dass wir auf dem richtigen Weg sind.

Bei unseren vielen unterschiedlichen Aktivitäten haben wir am Ende des Tages eine inhaltliche Klammer: Das ist die Mechatronik. Elektronik, Software und Hardware sind überall in der Mechanik drin, mal mehr, mal weniger. Somit gibt es immer einen gewissen Know-how-Transfer.

Um die Entdeckung und Entwicklung von neuen Geschäftsideen etwas zu systematisieren, haben wir kürzlich ein „Inkubatorenmodell im Kleinen" entwickelt. Wir bieten Mitarbeitern und Personen von außen die Möglichkeit, ihre Ideen bei uns zu entwickeln und hierfür finanzielle Unterstützung und Know-how zu erhalten. Wir interessieren uns für neue Geschäftsmodelle, neue Produkte und neue Dienstleistungen vorwiegend in den Bereichen Digitalisierung und Erneuerbare Energien. Wir wollen gezielt ein paar Ideen pro Jahr ansehen. Bei der Suche nach diesen Ideen und Personen verlassen wir uns auf unsere eigenen Kompetenzen.

▶ Wie entscheiden Sie, ob Sie eine Geschäftsidee weiterverfolgen?

Inzwischen muss es Spaß machen, es muss immer mehr Spaß machen, der Sättigungsgrad wird immer höher. Derzeit investiere ich nur, wenn es ein persönlicher Wunsch von mir ist. Wenn man mir einen Ingenieurdienstleister sehr günstig anbieten würde, würde ich mir das trotzdem mehrfach überlegen: Habe ich dann noch mehr Ärger an der Backe? Brauche ich die x-te Million Umsatz und die x-te Million Gewinn? Vielleicht verhält sich das aber auch so, weil die Bereiche gut laufen. Wenn ich müsste, würde ich wahrscheinlich schon einen Bereich als Cashcow aufbauen. Die Erneuerbaren Energien sind mir sehr wichtig. Hierauf lege ich einen Schwerpunkt, auch für die Zukunft.

▶ Was treibt Sie an? Was bedeutet für Sie Erfolg?

Ich messe Erfolg nicht in erster Linie daran, wie viel Umsatz und Gewinn wir generieren. Die Thematik muss mich interessieren, dann will ich mitwirken und mitgestalten. Das ist meine Motivation. Das bedeutet aber nicht, dass ich von vornherein bereit bin, das Geld abzuschreiben. Ich kämpfe schon dafür, dass mehr daraus wird. Aber ich bin nicht so Controlling-gesteuert, dass ich jeden Tag darauf schaue, wo wir stehen und welche Abweichungen es gibt. Das langweilt mich eher. Sondern ich probiere, an den großen Hebeln anzusetzen. Diese sind ein funktionierendes Geschäftsmodell, ein interessantes Produkt oder eine gefragte

Dienstleistung sowie nicht zu hohe Kosten. Dann ist es nur eine Frage der Zeit, bis Gewinne erzielt werden.

Im Laufe der Jahre hätte ich bestimmt viele Entscheidungen anders treffen und höhere Gewinne generieren können. Aber das war mir nicht wichtig, ich wollte die Zitrone nicht immer ausquetschen. Wir achten schon darauf, dass wir sparsam sind, aber man kann deutlich mehr sparen, wenn man es will oder auch muss. Erfolg ist für mich Zufriedenheit. Erfolg ist für mich, Spaß und Freude am Aufbau zu haben – zu sehen, dass wir ein Produkt etablieren, das erfolgreich verkauft wird und zufriedene Kunden schafft. Unternehmensaufbau, das ist mein Thema.

In das Tagesgeschäft bin ich natürlich involviert, jeden Tag mehrfach, aber nicht mehr so tief. Ich weiß, was passiert, ich weiß, welche Aufträge wir kriegen und welche nicht. Dies gilt vor allem für die Ingenieurdienstleistungen, die Messtechnik und das Flottenmanagement. Mit dem Energiebereich hingegen beschäftige ich mich stärker, weil es da auch immer um neue Projekte geht, um Neuaufbau, Neufinanzierung, Neustrukturierung und Verkauf.

Im Endeffekt ist unsere Unternehmensstruktur so gestaltet, das einige Bereiche die Grundbedürfnisse erfüllen. Und bei den anderen geht es mehr um Selbstverwirklichung.

▶ Was würden Sie einem größeren Unternehmen bei der Entwicklung oder dem Zukauf von Innovationen empfehlen?

Nehmen wir das Beispiel Digitalisierung: Jedes Unternehmen, auch die großen Konzerne, folgen heute diesem Trend. Es werden neue Ideen, die sehr vielversprechend aussehen, entwickelt und marketingmäßig aufbereitet. Allerdings werden solche Aktivitäten oft sehr schnell wieder eingestellt, da auch Ausgründungen unter den Strukturen eines großen Unternehmens leiden. So benötigen diese Start-ups schnelle Erfolge. Dies liegt an der Kapitalmarktgetriebenheit der großen Unternehmen und an dem Bedürfnis der Manager, Meilensteine und kurzfristige Ergebnisse zu erreichen. Ist dies nicht der Fall, wird oft das Budget gekürzt, was dazu führt, dass die Geschäftsidee nicht professionell weiterentwickelt werden kann. Oder es müssen Gremien überzeugt werden, in denen Personen sitzen, die wenig Ahnung von der Idee und dem Geschäftsmodell haben. Das Fällen von Entscheidungen dauert dann sehr lange, die Dynamik ist gering.

Mein Tipp an größere Unternehmen: Es müssen Strukturen, Entscheidungsprozesse und eine Atmosphäre geschaffen werden, die das Gedeihen von neuen Geschäftsmodellen begünstigen. Dann ist es egal, ob es sich um einen Zukauf oder eine Eigenentwicklung handelt. Allerdings sollte die neue Idee unbedingt in Form einer Ausgründung etabliert werden, wobei die Mehrheit der Anteile bei den Start-ups verbleiben sollte. Dies erfordert jedoch Vertrauen und Mut seitens der Manager. Und Geduld, denn bei einer Neuentwicklung kann es viele Jahre dauern, bis diese profitabel ist. Konzerne stellen neue Ideen oft zu schnell wieder ein. Sie haben viele Millionen investiert und trotzdem nicht das gewünschte Ergebnis erzielt. Sie beschäftigen sich nicht im Detail mit den Entwicklungen, sehen zu viele Schwierigkeiten und setzen zu wenig auf langfristige Ergebnisse.

Ich breche ein Projekt nur dann ab, wenn ich nicht mehr an die Idee bzw. das Geschäftsmodell und gleichzeitig nicht mehr an das Team glaube. Wenn ich noch an die Idee, aber nicht an das Team glaube, tausche ich das Team aus. Wenn ich an das Team, aber nicht mehr an die Idee glaube, tausche ich die Idee aus. Bei der Entscheidung für oder gegen eine Geschäftsidee verlasse ich mich in hohem Maße auf meine persönliche Einschätzung. Diese basiert natürlich auch auf Fakten: Ich besuche Kunden, setze mich mit der Lösung auseinander, prüfe die Qualität und Anwendbarkeit. Zudem hinterfrage ich, inwiefern mein Team noch von der Idee überzeugt ist. Wenn ich schlussendlich selbst weiter an die Idee glaube, investiere ich und gebe dem Team die notwendige Sicherheit.

7.2 Was Unternehmer von Amir Roughani lernen können

Der Serial Entrepreneur Amir Roughani ist ein „Selfmademan". Er hat sein Unternehmen alleine bis zu einer Größe von 380 Mitarbeitern und rund 40 Mio. EUR Umsatz aufgebaut. Die ersten fünf Jahre konzentrierte er sich auf Ingenieurdienstleistungen im IT-Bereich und entwickelte Produkte für andere Unternehmen. Anschließend baute er seine Firma zu einem Technologieunternehmen mit eigenen Produkten um. Im Zuge dieser Entwicklung gründete er mehrere Firmen. Ziel aller seiner unternehmerischen Aktivitäten ist ein stabiles Unternehmen, das seinen Mitarbeitern und ihm langfristige Sicherheit gibt.

Den Aufbau seines Technologiekonzerns verfolgt Roughani nun schon seit vielen Jahren mit äußerster Disziplin, Zielorientierung, Ehrgeiz und seiner Fähigkeit zum Lernen. Wie Stephen Covey in seinem Buch „Die sieben Wege zur Effektivität" beschreibt, sind es auch bestimmte Charaktereigenschaften, die Menschen zum Erfolg verhelfen können (Covey 2014). Die Key Learnings von Roughani liegen in der Schaffung von Stabilität durch Diversifikation, in der Identifizierung und Umsetzung von Geschäftschancen und Innovationen durch Kauf oder Eigenentwicklung sowie im Aufbau von Unternehmen. Nachfolgend werden diese Erkenntnisse beschrieben und weiter ausgeführt.

7.2.1 Stabilität durch Diversifikation schaffen

Roughani wollte nicht von vornherein Unternehmer werden. Wichtig waren ihm zuerst einmal eine gute Ausbildung und das Sammeln von Erfahrungen in angestellter Tätigkeit. Roughani beobachtete und lernte. Er erkannte für sich, dass die Gründung, der Aufbau und das Führen eines Unternehmens etwas ist, was erlernt werden kann. Um nicht alle Erfahrungen und Fehler selbst machen zu müssen, beobachtete er die Managemententscheidungen seines Arbeitgebers und analysierte deren Auswirkungen. Er sah, dass oft das Gegenteil des Gewollten erreicht wurde. Also begann er, selbst zu überlegen, wie solche Entscheidungen aussehen müssten, um die gewünschten Ergebnisse zu erzielen. Diese Entscheidungsfindung praktizierte und perfektionierte er im Laufe seines Unternehmerlebens. War am Anfang jede Entscheidung Neuland, so wusste er nach einiger Zeit, auf was es bei Unternehmensaufbau und erfolgreichen Innovationen ankommt: die Entwicklung eines funktionierenden Geschäftsmodells, das Zusammenstellen eines qualifizierten Teams und die Beherrschung der Kosten.

Nach den ersten Jahren des Unternehmensaufbaus als Ingenieurdienstleister zog Roughani für sich den Schluss, dass ein Unternehmen langfristig nur bestehen kann, wenn eine gewisse Stabilität herrscht. Um eine solche Stabilität zu schaffen, gibt es verschiedene Strategien und Möglichkeiten, die je nach „Modewelle" abwechselnd in der Geschäftswelt etabliert werden. Diese Strategien liegen vielfach auf einander entgegengesetzten Polen – wie etwa die Strategie der Konzentration auf Kernkompetenzen versus die Strategie der Diversifikation, d. h. des Eintretens mit neuen Produkten in neue Märkte. Welche der beiden Strategien erfolgreicher ist, kann wissenschaftlich nicht nachgewiesen werden. Am erfolgversprechendsten ist wohl die Diversifikation rund um die Kernfähigkeiten eines Unternehmens (Scheuss 2008).

Roughani fand hier seinen eigenen Weg. Anlass war ein sog. kritisches Ereignis. Solche kritischen Ereignisse führen nach Meinung der Wissenschaft zum „High Level Learning", einem Lernprozess, der einen besonders schnellen und großen Lernerfolg nach sich zieht. Auslöser für diese Art von Lernen können Fehler, enttäuschende Ereignisse oder auch große Differenzen zwischen einer Situation und dem Wissen des Entrepreneurs sein. Aufgrund eines kritischen Ereignisses entwickelt der Entrepreneur neue komplexe Regeln und Assoziationen (Wang und Chugh 2014).

Das kritische Ereignis war für Roughani der abgesagte Einstieg eines Konzerns in sein Unternehmen. Diese Absage verschaffte ihm zwar kurzfristig einen Rückschlag, führte jedoch schnell zu der Erkenntnis, dass er eine andere Strategie wählen kann, um in seinem Unternehmen Stabilität zu erreichen. Roughani wählte die Strategie der Diversifikation rund um seine Kernkompetenz – die Mechatronik – und strukturierte sein Unternehmen in einen Technologiekonzern um.

7.2.2 Neue Geschäftschancen identifizieren und umsetzen

Der Umbau bedeutete für Roughani, sein Unternehmen zusätzlich zur Erbringung von Ingenieurdienstleistungen für die Entwicklung, die Produktion und den Verkauf von Produkten zu qualifizieren. Ein Produktgeschäft stellt ganz andere Erfordernisse an die Mitarbeiter und die Organisation des Unternehmens. Roughani verfolgte für sich den Weg, zuerst einmal ein bereits funktionierendes Technologieunternehmen zu kaufen und dieses in sein Unternehmen zu integrieren. So konnte er Erfahrungen mit dem Produktgeschäft sammeln und musste sich ein Team nicht erst mühsam aufbauen.

Kurz darauf nahm er seine erste Neugründung vor, nutzte aber hierfür die Kompetenzen, die er bereits als Ingenieurdienstleister erworben hatte. Das Produkt, der Testpark für Solarmodule, war jedoch nicht erfolgreich. Es zeigte sich, dass die Marktanalyse nicht fundiert genug gewesen war. In der damaligen Boomzeit der Erneuerbaren Energien war ein Test von Solarmodulen nicht gefragt – es war schlicht keine Zeit dazu, da der Abverkauf so rasant erfolgte. Anstatt aber gleich aufzugeben, setzte sich Roughani mit dem Produkt auseinander und überlegte, ob sich andere Anwendungsmöglichkeiten auf dem Markt ergeben könnten. Er wich von seiner ursprünglichen Planung ab und schlug eine neue Richtung ein, die ihm sinnvoller erschien.

Eine solche pragmatische Vorgehensweise empfehlen die Unternehmer Fried/Heinemeier in ihrem Buch „Rework". Sie sind der Meinung, dass in den heutigen unsicheren Märkten gerade eine langfristige Planung kontraproduktiv ist, da die relevanten Informationen erst während eines Projekts vorliegen und nicht davor. Sie sprechen deshalb lieber von Vermutungen als von Plänen (Fried und Heinemeier Hansson 2010). Dies bedeutet jedoch nicht, dass überhaupt nicht geplant werden sollte. Allerdings sollte jede Art von Planung mit einer gewissen Skepsis betrachtet werden. Dies gilt vor allem für langfristige Planungen.

Roughani ging also von einem bestehenden Produkt aus und suchte sich als neue Anwendung die Trägersysteme für eine bestimmte Art von Solarmodulen. Dieser Ansatz war erfolgreich und führte über einen zuvor nicht geplanten Umweg zum Aufbau mehrerer erfolgreicher Solarunternehmen. Dadurch, dass

Roughani mit dem Testpark einen ersten Schritt in den Solarmarkt getan und anschließend einige der dort entwickelten Unterkonstruktionen für Solarmodule als eigene Produkte verkauft hatte, war er in diesem Markt bereits bekannt. Bald darauf erhielt er Anfragen zum Bau ganzer Solarparks. Da er mit dem Bau des Testparks bereits Erfahrungen im Bau von Solarparks hatte, konnte er sich schnell zu einem Generalunternehmer entwickeln.

Heute ist es Roughani nicht mehr wichtig, ob er Innovationen selbst entwickelt oder zukauft. Er hat sich die Strukturen, Entscheidungsprozesse und eine Unternehmenskultur geschaffen, die das Gedeihen von neuen Geschäftsmodellen begünstigen. Seine neueste Initiative ist ein firmeneigener Inkubator, bei dem er seinen Mitarbeitern oder externen Personen Unterstützung in den für ihn wichtigen Zukunftsmärkten gewährt: Erneuerbare Energien, Elektromobilität und Digitalisierung. Eine Projektidee unterstützt er dann, wenn er an das Geschäftsmodell und das Team glaubt. Er sucht sich diese Geschäftsideen selbst aus und verlässt sich nicht darauf, dass er sie über staatlich geförderte Netzwerke oder Technologietransferstellen erhält.

7.2.3 Risiken überlegt eingehen

Hat Roughani sich für einen Weg entschieden, gibt er ihn so schnell nicht wieder auf. Dies zeigt sich beispielsweise bei dem Geschäftsfeld Fahrtenbuchmanagement, das auf einem vor mehreren Jahren zugekauften Unternehmen basiert. Dieses Geschäftsfeld ist auch nach dieser langen Zeit noch nicht profitabel. Roughani ist aber von der Zukunftsfähigkeit überzeugt und hält daran fest. Er beweist den gerade bei Innovationen vielfach notwendigen langen Atem. Dies kann er tun, da er bei seinen Investitionsentscheidungen von keinem Kapitalgeber abhängt und auch sonst als Unternehmer unabhängig ist. Er hat sich eine Strategie zurechtgelegt, die es ihm erlaubt, neue Projekte und Geschäftsideen so lange durch die bewährten, ertragreichen Geschäftsfelder zu finanzieren, bis sie profitabel sind. Durch die Umverteilung von Ressourcen reinvestiert er einen Teil seiner Gewinne und positioniert hierdurch seine Unternehmen für die Zukunft.

Wie die Wissenschaft herausfand, weisen Unternehmen, die von Mehrfachgründern initiiert wurden, eine höhere Überlebensrate auf als Unternehmen, die von Neugründern ins Leben gerufen wurden. Mehrfachgründer können die für ein neues Unternehmen benötigten Ressourcen aus ihren bestehenden Unternehmen umverteilen oder auch aufgrund ihrer bereits vorhandenen Netzwerkbeziehungen leichter Kapital akquirieren (Baptista et al. 2007).

Für eine solche Vorgehensweise ist natürlich eine gewisse Substanz notwendig, die ein Unternehmensgründer in den meisten Fällen nicht aufweisen kann. Aber auch ein Gründer kann diesen Weg einschlagen, indem er beispielsweise durch Dienstleistungen unmittelbare Einnahmen generiert, die er dann in den Aufbau eines neuen Geschäftsfelds investieren kann. Ein großes Unternehmen kann diese Strategie durchaus umsetzen, wenn die Gesellschafter und Aktionäre dies unterstützen. Allerdings ist es hier Aufgabe des Managements, den Gesellschaftern die Langfristigkeit und den langen Atem einer solchen Strategie nahezubringen.

Roughani achtet jedoch darauf, dass er seine Unternehmen durch Investitionen in neue Geschäftsfelder nicht gefährdet. Die Stabilität steht stets als übergeordnetes Ziel über allen seinen Projekten und Initiativen. So schloss er beispielsweise im Bereich Solar keine Verträge mit Modulherstellern ab – und blieb dann auch nicht auf großen Lagerbeständen sitzen, als der Solarboom abgeflaut war. Allerdings konnte er auf diese Weise auch nicht den maximal möglichen Gewinn erzielen. Langsames und maßvolles Wachstum ist in vielen Fällen die sinnvollere Strategie: Der Erfolg muss erarbeitet werden, über Nacht wird kaum jemand reich (Fried und Heinemeier Hansson 2010).

Das Scheitern von Geschäftsideen sieht Roughani als wichtiges Lernfeld. Er hat viele „Versuchsballons" aufsteigen lassen, von denen einige geplatzt sind. Dieses schnelle Scheitern ist in der Unternehmenspraxis vielfach eine bewährte Strategie (Feinleib 2012). Und sie kann zu neuen Optionen führen.

7.2.4 Seinen eigenen Weg gehen

Eine Erklärung für den Erfolg von Roughani liegt wohl auch darin, dass er nicht nur finanziell motiviert ist. Er möchte sinnvolle Projekte verwirklichen und seinen vorwiegend jungen Mitarbeitern ein sicheres Umfeld bieten, in dem sie sich persönlich und fachlich weiterentwickeln können. Dies sind bei Roughani nicht nur schöne Absichtserklärungen auf dem Papier, sondern er setzt diese auch um, beispielsweise durch eine betriebseigene Kita oder die Förderung der Mitarbeiter nach ihren Fähigkeiten und Interessen. Für ihn selbst ist Spaß ein ganz wichtiger Faktor – Spaß am Unternehmensaufbau generell, aber auch an einzelnen Geschäftsaktivitäten. So entwickelt er Innovationen in den Bereichen, für die er sich interessiert.

Bisher trifft Roughani die Entscheidungen in seinem Unternehmen in den meisten Fällen alleine. Zuvor spricht er mit seinen Mitarbeitern und holt sich auch Ratschläge von außen. Er beschäftigt sich selbst eingehend mit Technologien und Geschäftsideen. Ab einer gewissen Unternehmensgröße wird dieses Modell jedoch zunehmend schwierig. Irgendwann wird die Verantwortung auf mehrere Schultern verteilt sein müssen. Roughani hat auch hier schon einen Schritt getan und sich mit dem Kauf der everywhere den dortigen Geschäftsführer Martin Toth in die Unternehmensleitung geholt (s. Abschn. 1.1 Gespräch mit Serial Entrepreneur Martin Toth).

Die hier vorgestellten Key Learnings von Roughani erheben natürlich nicht den Anspruch, dass dies der einzig sinnvolle und mögliche Weg ist, ein erfolgreiches Unternehmen aufzubauen und dessen Zukunftsfähigkeit zu sichern. Roughani hat sich diesen Weg selbst erarbeitet. Genauso sollte jeder Unternehmensgründer und jeder Unternehmer seinen eigenen Weg finden, an diesem aber auch festhalten, soweit es möglich ist. In größeren Unternehmen ist dies natürlich schwieriger, da hier größere Abhängigkeiten vom Kapitalmarkt bestehen und auch entscheidungsbefugte Personen nicht alles so leicht ändern können. Hier bietet sich die Schaffung von unabhängigen Geschäftsbereichen an. Oder das Großunternehmen entschließt sich zu einer Ausgründung (s. Abschn. 10.1 Gespräch mit Serial Entrepreneur Markus Brehler).

7.2.5 Effectuation – eine Entscheidungslogik für Entrepreneure

Das Konzept der Effectuation[1] bietet einen interessanten Erklärungsansatz, wie erfahrene Entrepreneure (Mehrfachgründer) mit Entscheidungssituationen unter hoher Unsicherheit umgehen. Dies sind Entscheidungssituationen, in denen nur unvollständige Informationen vorliegen (Sarasvathy 2008). Das Konzept kann zumindest in Teilen auf die Vorgehensweise von Roughani angewendet werden. Ein Beispiel ist der Aufbau des Solarbereichs. Nachfolgend soll deshalb dieser Ansatz in Kurzform vorgestellt werden.

Sarasvathy hat das Konzept der Effectuation begründet (Sarasvathy 2001). Sie unterscheidet eine kausale Entscheidungslogik („Causation“) und eine transformative Entscheidungslogik („Effectuation“).

Causation ist ein planender Ansatz, wie er in MBA-Kursen gelehrt und vorwiegend von Managern und Neugründern genutzt wird. Diese gehen von einem

---

[1] „Effectuation“ bedeutet „Ausführung“. Der Begriff wurde von Sarasvathy gewählt.

von außen vorgegebenen Umfeld aus. Sie identifizieren Geschäftschancen und entwickeln Businesspläne, die entsprechend umgesetzt werden. Causation ist somit ein strukturierter Entscheidungsprozess und folgt der Regel: Die Zukunft ist vorhersagbar, aber vom Entrepreneur nicht gestaltbar.

Effectuation beruht auf der Annahme, dass die Zukunft nicht vorhersagbar, aber vom Entrepreneur selbst gestaltbar ist. Sarasvathy fand in ihren Studien heraus, dass erfahrene Entrepreneure ihre Entscheidungen vielfach nicht aufgrund analysebasierter logischer Entscheidungstools, sondern aufgrund von Heuristiken, d. h. einfacher Faustregeln, fällen. Diese Entrepreneure sehen die Zukunft – vor allem mit neuen Produkten und in neuen Märkten – als schwer voraussagbar an. Sie nutzen deshalb nur in geringem Maße einen fundierten Planungsprozess und Marktanalysen, wie sie im klassischen Management üblich sind. Vielmehr gestalten sie ihre Zukunft und somit den Erfolg ihrer Unternehmen selbst, indem sie vorhandene Ressourcen gezielt nutzen und weiterentwickeln. Hierbei konzentrieren sie sich auf ihre eigenen Interessen, ihr aktuelles Wissen und ihre Netzwerke. Ihre Investitionen setzen sie so niedrig wie möglich an. Auf diese Weise erarbeiten sie schrittweise und teilweise gemeinsam mit Partnern ihre Geschäftsmodelle. Effectuation ist somit ein eher kreativer Entscheidungsprozess.

Effectuation beruht auf fünf Prinzipien (s. Tab. 7.1). Nachfolgend sollen diese Prinzipien kurz erklärt werden (Sarasvathy 2008):

Tab. 7.1 Die fünf Prinzipien von Effectuation und ihre Abgrenzung zu Causation. (Nörr 2012; in Anlehnung an Sarasvathy 2008)

Prinzipien von Effectuation	Aussagen Effectuation	Abgrenzung zu Causation
Bird-in-Hand-Prinzip	Ausgangspunkt sind vorhandene Ressourcen	Ausgangspunkt sind konkrete Ziele
Affordable-Loss-Prinzip	Bestimmung des maximal akzeptablen Verlusts	Bestimmung des maximal möglichen Gewinns
Crazy-Quilt-Prinzip	Reduzierung der Unsicherheit durch das frühzeitige Schließen von Partnerschaften	Sicherung des Zugangs zu Ressourcen durch das frühzeitige Schließen von Partnerschaften
Lemonade-Prinzip	Nutzung von zufälligen Ereignissen als Chance	Vermeidung jeglicher Überraschungen
Pilot-in-the-Plane-Prinzip	Entrepreneur kann die Zukunft selbst gestalten: Steuerung statt Vorhersage	Entrepreneur kann die Zukunft vorhersagen: Vorhersage statt Steuerung

- Das „Bird-in-Hand-Prinzip" bedeutet, dass vorhandene Ressourcen der Ausgangspunkt für die Entscheidung zur Schaffung von etwas Neuem – d. h. von Produkten, Prozessen, Märkten – sind.
- Das „Affordable-Loss-Prinzip" sagt aus, dass ein Entrepreneur sich vorab die Höhe des Verlusts überlegt, die er gerade noch akzeptieren kann.
- Das „Crazy-Quilt-Prinzip"[2] besagt, dass ein Entrepreneur bereits in einem sehr frühen Stadium Bündnisse mit Partnern schließt, die sich an der Schaffung des Neuen beteiligen wollen.
- Mit dem „Lemonade-Prinzip" wird die Vorgehensweise bezeichnet, dass ein erfahrener Entrepreneur zufällige Ereignisse als Chance für neue oder geänderte Geschäftschancen aufgreift.
- Das „Pilot-in-the-Plane-Prinzip" sagt aus, dass ein Entrepreneur zukünftige Entwicklungen selbst gestalten und steuern kann.

Effectuation bietet einen interessanten Erklärungsansatz für die Entscheidungsfindung unter Unsicherheit – einer Situation, welcher Entrepreneure täglich ausgesetzt sind. Das Konzept ist zwar wissenschaftlich nicht unumstritten, enthält allerdings für die Praxis durchaus interessante Punkte.

Tipps für Unternehmer und Unternehmensgründer

Tipps für Unternehmer

- Ein stabiles Unternehmen ist eine der Voraussetzungen für nachhaltigen Erfolg.
- Stabilität kann beispielsweise durch Diversifizierung erreicht werden. Jeder Unternehmer muss hier seinen eigenen Weg finden.
- Innovationen können durch Zukauf oder Eigenentwicklung geschaffen werden.
- Für eine erfolgreiche Innovation wird die Kombination aus einer guten Idee und einem guten Team benötigt. Ein Projekt sollte erst abgebrochen werden, wenn die Idee und das Team nicht mehr passen. Ansonsten lässt sich entweder die Idee oder das Team austauschen.

[2] „Crazy Quilt" bedeutet „Patchworkdecke".

- Es sollte stets an den „großen Hebeln“ angesetzt werden: am Geschäftsmodell und am Produkt bzw. der Dienstleistung.
- Für innovative Geschäftsideen muss über einen längeren Zeitraum ausreichend Kapital zur Verfügung stehen. Am besten lässt sich dies über die Reinvestition von Gewinnen erreichen. Ein finanziell unabhängiger Unternehmer tut sich hier leichter.
- Es sollte nur so viel Kapital in eine neue Geschäftsidee investiert werden, wie es ohne zu hohes Risiko für das Unternehmen möglich ist.
- Auf lange Sicht müssen die Kosten beherrschbar sein.
- Für den Erfolg einer innovativen Geschäftsidee müssen geeignete Strukturen, Entscheidungsprozesse und eine fehlertolerante Unternehmenskultur geschaffen werden.

Weitere Tipps für Unternehmensgründer

- Die Unternehmensführung ist erlernbar und beherrschbar. Eine vorhergehende Anstellung kann beim Erlernen dieser Tätigkeiten helfen, wenn sie an geeigneter Stelle im Unternehmen angesiedelt ist.
- Von Anfang an sollten Einnahmen erzielt werden, beispielsweise durch Beratungsleistungen.
- Ein Unternehmensgründer sollte über seine beruflichen und persönlichen Ziele sowie seine Motivation frühzeitig nachdenken und sein Unternehmen entsprechend gestalten.

Literatur

Baptista, Rui, Murat Karaöz, und Joana Mendonça. 2007. Entrepreneurial backgrounds, human capital and start-up success. Jena research paper Nr. 2007-045. http://www.econstor.eu/bitstream/10419/25610/1/547162960.PDF. Zugegriffen: 13. Febr. 2016.

Covey, Stephen R. 2014. *Die 7 Wege zur Effektivität,* 35. Aufl. Offenbach: Gabal.

Feinleib, David. 2012. *Why startups fail and how yours can succeed.* New York: Apress.

Jason, Fried, und Heinemeier Hansson David. 2010. *Rework. Business intelligent & einfach.* München: Riemann.

Nörr, Monika. 2012. Effectuation – eine Entscheidungslogik für (erfahrene) Entrepreneure? Lahr: Schriften der Wissenschaftlichen Hochschule Lahr. Nr. 31. http://monoconsulting.de/sites/default/files/u4/noerr-2012-effectuation-whl-schrift-31.pdf. Zugegriffen: 05. Febr. 2016.

Nörr, Monika. 2015. Analyse der Entwicklung von Serial Entrepreneurs aus Hightech-Branchen – mit einem Schwerpunkt auf dem Human- und Sozialkapital. Dissertation. Hamburg: Dr. Kovač.

Sarasvathy, Saras D. 2001. Causation and effectuation: Toward a theoretical shift from economic inevitability to entrepreneurial contingency. *The Academy of Management Review* 26 (2): 243–263.

Sarasvathy, Saras D. 2008. *Effectuation – elements of entrepreneurial expertise*. Cheltenham: Elgar.

Ralph, Scheuss. 2008. *Handbuch der Strategien. 220 Konzepte der weltbesten Vordenker*. Frankfurt a. M.: Campus.

Wang, Catherine L., und Harveen Chugh. 2014. Entrepreneurial learning: Past research and future challenges. *International Journal of Management Reviews* 16 (1): 24–61.

8 Produktentwicklung: Prozesse beschleunigen und optimieren

Frühes Kundenfeedback ist enorm wichtig, da sich auf diese Weise bereits in derProduktentwicklungsphase die Richtung korrigieren lässt.

Zusammenfassung
Die Anforderungen von Kunden und Märkten ändern sich heute schneller denn je. Dies führt zu verkürzten Produktlebenszyklen und zur Notwendigkeit, Produkte und Dienstleistungen schneller und effizienter zu entwickeln. Auch wenn mit verschiedenen Softwaretools und Methoden wie dem 3D-Druck neue Technologien zur Verfügung stehen, welche die Zeiten und die Kosten entscheidend senken können, liegen die Ursachen von zu langen Entwicklungszeiten oder Fehlentwicklungen vielfach in der Strategie, den Prozessen und den beteiligten Personen. Der Serial Entrepreneur Dirk Brunner beschäftigt sich schon seit vielen Jahren mit der technischen Produktentwicklung und dem Führen von technischen Mitarbeitern. Im persönlichen Gespräch berichtet er von seinem Werdegang als Mehrfachgründer und seinen Erfahrungen und Learnings.

Dirk Brunner, Geschäftsführer, Technische Beratung + Ingenieurbüro Dirk Brunner
Dirk Brunner (s. Abb. 8.1) schloss eine Ausbildung zum Zerspanungsmechaniker bei Dornier Luftfahrt in Oberpfaffenhofen ab und arbeitete dort im Prototypenbau für die Luft- und Raumfahrt. Anschließend holte er die fachgebundene Hochschulreife nach und studierte physikalische Technik an der Hochschule München. Zwischen seinen Unternehmensgründungen war

M. Nörr, *Key Learnings aus dem Serial Entrepreneurship*,
DOI 10.1007/978-3-658-13084-8_8

Abb. 8.1 Serial Entrepreneur Dirk Brunner. (© Dirk Brunner)

er jeweils bei technischen Unternehmen bzw. Konzernen in den Bereichen Produktentwicklung und Qualitätssicherung angestellt.

Brunner ist Gründer bzw. Mitgründer von drei Unternehmen in den Branchen Maschinenbau, IT-Hardware und Ingenieurdienstleistungen.

Das erste Unternehmen, KM Kleine Modelle, gründete Brunner zum Ende seines Studiums in München. Er entwickelte Kleinmotoren für Spielzeuge. Als das Produkt nach rund zwei Jahren serienreif war, verkaufte Brunner das Unternehmen an einen Konzern, da er selbst den Vertrieb nicht aufbauen konnte und wollte.

Im Jahr 2007 gründete Brunner zusammen mit seiner Ehefrau Adriana Brunner die secumen (secure memory) GmbH in München. Das Unternehmen entwickelte ein neuartiges System für die Sicherung und Aufbewahrung von digitalen Daten. Dieses bestand aus zwei Festplatten, die sich in einem kleinen Tresor befanden. Auf diese Weise wurden die Daten physisch und elektronisch geschützt. secumen wurde durch Förderprogramme im Hochschulbereich (Exist Seed, Flügge) mitfinanziert und gewann den Münchener Businessplan Wettbewerb im Jahr 2008. Brunner baute das Unternehmen als Geschäftsführer bis auf 30 Mitarbeiter auf, das Wachstum erfolgte aus dem Cashflow ohne die Beteiligung von Venture-Capital-Gebern. Anschließend verließ Brunner secumen und nahm eine Festanstellung im Bereich Produktentwicklung an. secumen ging ein halbes Jahr später aufgrund der IT-Krise insolvent.

Sein drittes Unternehmen, Technische Beratung + Ingenieurbüro Dirk Brunner, gründete Brunner in München, nachdem er seine Festanstellung aufgegeben hatte. Brunner ist CEO, beschäftigt werden zehn Mitarbeiter. Geschäftszweck ist die technische Beratung von Industrieunternehmen und technologieorientierten Unternehmensgründern. Hierbei liegt der Fokus auf der Entwicklung und Optimierung von Produkten in Hardware, Software, Maschinenbau und Elektronik.
Quelle: Nörr 2015

8.1 Gespräch mit Serial Entrepreneur Dirk Brunner

▶ Wie und warum sind Sie zum Unternehmer geworden?

Mein erstes Unternehmen habe ich zum Ende meines Studiums vorbereitet, da mein Ziel eine Selbstständigkeit war. Es ging um eine Technik, mit der sich Miniaturmotoren für kleine Bewegungen sehr günstig herstellen lassen. Diese Technik habe ich mit ein paar Personen rund zwei Jahre lang bis zur Serienreife entwickelt. Allerdings besaß ich damals nicht die Vertriebskompetenz, um das Produkt auf den Markt zu bringen. Deshalb habe ich einen Wettbewerber angerufen. Dieser hatte sofort Interesse und hat mir das Unternehmen samt Technologie und Patent abgekauft.

▶ Warum haben Sie das zweite und weitere Unternehmen gegründet?

Nach dem Verkauf des ersten Unternehmens bin ich zu einem Konzern in die Qualitätssicherung gegangen. Allerdings wurde mir das nach einem Jahr ziemlich langweilig. Der Konzern hatte endlose Prozesse, ich selbst war nur ein Minirädchen. Ich bin ein wirtschaftlich denkender Mensch und möchte etwas bewegen. Ich bin keiner, der gerne stehen bleibt. Für mich wäre es der Tod, wenn ich vorher weiß, was passiert.

Als ich die Anstellung aufgegeben habe, hatte ich auch schon eine neue Idee. Mir war eine Festplatte des Computers ausgefallen. Die Backups lagen einige Wochen zurück, und ich musste einen Teil der Daten neu eintippen. Das hat mich so gestört, dass ich nach einer Lösung auf dem Markt gesucht haben, d. h. nach einer Festplatte, die gegen Wasser, Feuer oder auch Diebstahl geschützt ist.

Allerdings habe ich kein geeignetes Produkt gefunden. Bei der nachfolgenden Produktentwicklung habe ich schnell festgestellt, dass das größte Problem darin lag, die Wärme der Festplatte aus dem Tresor herauszutransportieren. Im Brandfall durfte jedoch keine Wärme in den Tresor eindringen. Ich hatte die Idee einer bestimmten Art von Wärmepumpe, habe ein Patent angemeldet und ein Unternehmen mit rund 30 Mitarbeitern aufgebaut: die secumen, das kommt von „secure" und „memory". Als ich das Produkt fertig entwickelt und auch Versionen für die nächsten drei Jahre vorentwickelt hatte, ging es wieder vor allem um den Vertrieb. Ich bin kein Vertriebler, sondern derjenige, der strategisch taktiert und die Technik vorantreibt. Ich bin dann in die Produktentwicklung bei einem anderen Konzern eingestiegen, habe dort Produktcenter aufgebaut, neue Technologien etabliert und auch Produkte auf den Markt gebracht, die mehrere Preise gewonnen haben. Die secumen ging leider ein halbes Jahr später insolvent, da drei von fünf Hauptkunden aufgrund der IT-Krise pleite gegangen sind. Zu diesem Zeitpunkt war die Produktion bereits aufgebaut, die Verträge mit den Kunden unterschrieben. Ich selbst hatte bei meiner Anstellung auch nicht viel Glück, da der Konzern sich umstrukturiert hat und für mich kein interessantes Tätigkeitsfeld mehr vorhanden war. Ich habe dann mein Ingenieurbüro gegründet, da es mir immer Spaß macht, mit neuen Ideen konfrontiert zu werden. Meine Aufgaben wechseln täglich, ich arbeite mit interessanten Menschen und habe viele technische Probleme zu lösen. Viele Gründer haben sehr gute Ideen, jedoch nicht die Erfahrung, das Produkt großzuziehen. Hier gebe ich Unterstützung.

▶ In Ihren Unternehmen entwickeln Sie stets neue Produkte. Wie lassen sich Ihrer Erfahrung nach die Produktentwicklungsprozesse optimieren und beschleunigen?

Bei einer Produktneuentwicklung ist es entscheidend, schon zu einem sehr frühen Zeitpunkt einen Mini-Businessplan zu schreiben und Kunden in den Entwicklungsprozess zu integrieren oder zumindest ihr Feedback hinsichtlich der geplanten Produkte einzuholen. Zudem muss der Entwicklungsprozess als solcher beschleunigt werden. Dies kann zum Beispiel in der Art und Weise geschehen, dass eine Produktentwicklung am Anfang nur zu rund 80 % oder weniger durchgeplant wird und die restlichen Anpassungen im Laufe der Entwicklung erfolgen. Dies ist jedoch stark vom jeweiligen Produkt und Unternehmen abhängig.

Nach den Erfahrungen mit meinem ersten Unternehmen bin ich ein Fan von frühem Kundenfeedback. Und sei es auch nur die Rückmeldung auf eine grobe Idee. Man hat ja ein paar vertraute Kunden, mit denen man über alles reden kann.

Denen zeige ich in vielen Fällen nur ein einfaches Datenblatt und frage sie dann, was sie von der Idee halten. Auf diese Weise bekomme ich das Feedback von fünf bis zehn Personen. Dies ist enorm wichtig, da ich einfacher die Richtung korrigieren kann. Im Laufe der Zeit wird das Datenblatt immer detaillierter. Es kommen viele neue Punkte hinzu, an die man am Anfang gar nicht denkt. Aber wenn man es dann von mehreren Stellen hört, weiß man: aufpassen. Und viele dieser Rückmeldungen haben auch Auswirkungen auf die Konstruktion, d. h., man benötigt sie wirklich in einer frühen Phase, da sonst noch einmal von vorne begonnen werden muss. Dieses Feedback funktioniert mit potenziellen Kunden genauso wie mit Lieferanten. Wichtig ist, dass bereits ein Vertrauensverhältnis aufgebaut ist. Ich habe schon ein Gefühl, mit wem ich das machen kann und mit wem nicht. Zu beachten ist natürlich auch die Situation der Schutzrechte, aber wenn man ein Patent angemeldet hat, dann kann man schon mit den Leuten reden.

Dieses frühe Kundenfeedback praktiziere ich nicht nur in meinen eigenen Unternehmen, sondern habe dies auch in der Anstellung getan. Bei einem Konzern, bei dem ich eine Zeit lang in der Produktentwicklung gearbeitet habe, war es üblich, einige Jahre lang im stillen Kämmerlein etwas zu entwickeln. Als man dann zum Kunden rausgegangen ist, hatte dieser manchmal ganz andere Vorstellungen von dem Produkt. Auf diese Weise sind schnell mal zehn bis 20 Mannjahre verschwendet worden. Ich habe nach einer Produktentwicklungszeit von zwei Wochen Testkunden eingeladen. Diesen habe ich einen ganz frühen Prototypen gezeigt, der aber von der Funktion schon so war wie das spätere Produkt. Zumindest hat er von vorne so gewirkt, allerdings war hinten gebastelte Technik drin. Zu diesem Treffen habe ich auch die Entscheider des Unternehmens eingeladen. Denen ist es wie Schuppen von den Augen gefallen. Sie haben gesehen, dass gewisse Konzepte, die sie sich ausgedacht hatten, so gar nicht funktionieren können. Seitdem wird es dort auch so gemacht, dass man früh zum Kunden geht. Aber zuvor wurde ich ausgelacht.

Für eine effiziente Produktentwicklung – aber auch für das ganze Unternehmen – sind motivierte Mitarbeiter ganz entscheidend. Dies gilt vor allem für Unternehmen mit innovativen Produkten. Es ist mir sehr wichtig, technische Mitarbeiter auszuwählen und zu führen, da ich gerne mit Menschen arbeite. Nur auf den Gewinn zu schauen, das geht vielleicht kurzzeitig, für ein halbes Jahr oder ein Jahr. Doch die Mitarbeiter haben irgendwann keine Lust mehr, schalten ab und machen nichts mehr. Diese Erfahrung habe ich bei einem der Konzerne gemacht, bei denen ich angestellt war: Hier wurden die Mitarbeiter streng geführt. Es wurden alle Aufgaben bis ins Detail vorgeschrieben. Ich sollte eine Abteilung aufbauen und habe den Mitarbeitern viel Freiräume gelassen. Das war für diese absolut ungewohnt, und sie konnten zuerst damit nicht richtig umgehen. Ich habe den Mitarbeitern immer wieder in Einzelgesprächen erklärt, worauf es ankommt. Das hat ungefähr ein halbes Jahr gedauert, bis das bei den Leuten gewirkt hat. Dann lief es besser als vorher, ich hatte insgesamt weniger Arbeit mit den Mitarbeitern. Wenn ich auf Geschäftsreise war, wusste ich, sie tanzen nicht auf den Tischen, sondern arbeiten weiter, weil sie selbst an ihre Aufgaben glauben.

Diese positiven Auswirkungen einer gewissen Freiheit werden von vielen Unternehmen missachtet. Unternehmen, die ihre Mitarbeiter stets mit sehr viel Druck arbeiten lassen, sind oft nicht mehr innovativ. Druck wird in einer brenzligen Situation akzeptiert, in der etwas schnell entschieden werden muss und keine Zeit für Diskussionen und Ausprobieren ist. Aber das muss die Ausnahme bleiben. Ich selbst gebe immer einen Vertrauensvorschuss und lasse eine lange Leine. Nur wenn es nicht funktioniert, ziehe ich diese kürzer. Mit dieser Vorgehensweise bin ich kaum enttäuscht worden. Wenn man mit den Leuten redet, findet man beispielsweise heraus, dass einer eine bestimmte Aufgabe nicht kann oder mag, der andere jedoch schon. Und dann tauscht man halt, wenn möglich. Aber dazu muss man mit den Mitarbeitern reden, das machen viele Chefs nicht. Ich finde das sehr schade, da auf diese Weise viel Potenzial verschenkt wird. Gerade junge Leute wollen keine detaillierten Arbeitsanweisungen erhalten. Sie können sich ja dann kaum behaupten. Sie können nur sagen: Chef, jetzt habe ich Aufgabe Nummer 79 von 100 Aufgaben abgearbeitet.

Ein dritter wichtiger Punkt für einen effizienten Entwicklungsprozess sind geeignete Netzwerke. Ideen kommen einem selbst oder aus verschiedenen Gesprächen heraus. Eine gute Idee kann diskutiert und weiterentwickelt werden. Dazu muss man aber die richtigen Leute kennen – Leute, die etwas vorantreiben möchten. Manchmal hat man selbst nicht die Möglichkeit, eine gute Idee weiterzubringen, aber jemand anderes schon. Diese Kontakte baue ich mir vor allem durch den Besuch von Veranstaltungen zu bestimmten Themen auf, da sehe ich immer die gleichen Leute. Auf diese Weise habe ich mir für mein Ingenieurbüro ein Netzwerk von rund 150 freien Mitarbeitern geschaffen. Dies sind Experten – von den Materialwissenschaften über spezielle mathematische Fragen und die Bildverarbeitung bis hin zum Vertrieb. Wenn ich ein neues Problem mit meinem bestehenden Netzwerk nicht lösen kann, greife ich zum Telefonhörer oder schreibe eine E-Mail. Ich frage nach Personen mit Erfahrungen in diesem Bereich. Mir nicht bekannte Personen treffe ich immer persönlich. Ich möchte wissen, ob ich mit ihnen zusammenarbeiten kann.

Zu einer effizienten Produktentwicklung gehört auch, dass ein Produkt schnell am Markt ist. Bei Industrieunternehmen fehlt oft ein Mini-Businessplan, der für das geplante Produkt die Eckdaten auflistet. Es fehlt die grundsätzliche Vorüberlegung, ob ein Produkt Sinn macht oder nicht. Und falls es sinnvoll ist, wie es noch besser werden könnte. Ganz wichtig ist es auch, den Vertrieb früh einzuplanen. Bei meinem ersten Unternehmen habe ich das verschlafen. Man stellt es sich am Anfang auch viel leichter vor. Man denkt sich – wenn ich ein gutes Produkt habe, dann wird es mir schon aus den Händen gerissen. So nach dem Motto: Ich stelle eine Website mit dem Kauf-Button online und dann kommen alle von selbst. Aber das funktioniert nicht. Ich selbst kümmere mich nicht so gerne um Vertriebsthemen, suche mir aber gute Leute, die dies übernehmen können.

- Gibt es zur Beschleunigung der Produktentwicklung auch Punkte, die an der eigenen Persönlichkeit ansetzen?

Meiner Erfahrung nach sind eine strategische Vorgehensweise und das eigene Zeitmanagement ganz entscheidend. Bei meinem ersten Unternehmen habe ich einen klassischen Fehler gemacht: Überarbeitung. Wenn ich noch ein paar Wochen in der gleichen Intensität weitergearbeitet hätte – das waren teilweise 100-h-Wochen – hätte ich einen Burn-out gehabt. Irgendwann habe ich selbst festgestellt, dass ich immer mehr Fehler mache und dann noch mehr Zeit benötige, um diese wieder auszubügeln. Das ist ja ein Teufelskreislauf, aber den erkennt man nicht, wenn man selbst drinnen ist. Rückblickend habe ich gesehen: Ich hätte es in der Hälfte der Zeit auch schaffen können, wenn ich einfach eine Stunde am Tag überlegt hätte, was ich mache und was die nächsten Schritte sind. Aber so handelt man einfach nur und denkt, das muss ich jetzt tun – und los geht's. Inzwischen achte ich auf mein Zeitkonto und nehme mir Zeit für Sport oder Familie raus, um abzuschalten. Klar gibt es Phasen, in denen man zehn Stunden plus arbeiten muss, aber das sollte nicht die Regel sein. Es macht einen fertig und man verliert das Ziel aus den Augen. Aus dem ersten Unternehmen habe ich mir mitgenommen, dass ich auch strategisch arbeiten muss. Nur durch operative Arbeit baut man kein erfolgreiches Unternehmen auf.

Weiterhin ist es wichtig, sich stets selbst kritisch zu hinterfragen: War das jetzt richtig oder war es falsch? Und wenn es falsch war, dann korrigiere ich es. Man lernt selbst auch dazu, wenn man beobachtet, wie andere Personen oder Mitarbeiter eine Tätigkeit erledigen. Manchmal stelle ich fest, dass diese Vorgehensweise besser ist als meine eigene.

Ein dritter Punkt ist die kontinuierliche Weiterbildung. Ich studiere die technische Literatur, aktuelle Fachzeitschriften und beschäftige mich mit Problemen, die mir durch den Kopf gehen. Kann man ein Patent daraus machen, oder eignet sich die Idee für andere Unternehmen?

▶ Was treibt Sie an? Was bedeutet für Sie Erfolg?

Mir sagt es sehr zu, immer wieder vor neuen Herausforderungen zu stehen. Ich liebe das Neue. Und es motiviert mich, wenn die Mitarbeiter zufrieden sind und interessante Tätigkeiten haben. Wenn ich am Montagmorgen freundliche Gesichter sehe, dann läuft es gut. Passen dann noch die Finanzzahlen, bin ich glücklich.

8.2 Was Unternehmer von Dirk Brunner lernen können

Dirk Brunner ist ein Serial Entrepreneur, der immer wieder zwischen seinen eigenen Unternehmen und einer Anstellung wechselt. Er ist sehr technikaffin und legt seinen Schwerpunkt auf technische Produktentwicklungen und Problemlösungen. Marketing und Vertrieb liegen weniger in seinem Interessengebiet. Durch die Erfahrungen mit seinem ersten Unternehmen hat er deren Wichtigkeit erkannt und gelernt, sich für diese Aufgaben qualifizierte und erfahrene Personen zu suchen. Das erste Unternehmen hatte er an einen Konkurrenten verkauft, da ihm erst nach der Fertigstellung des Produkts klar geworden war, dass er keine Strukturen für dessen Verkauf aufgebaut hatte.

In den vielen Jahren seiner Tätigkeit in der Produktentwicklung hat Brunner entscheidende Erkenntnisse gewonnen, wie sich Produktentwicklungsprozesse optimieren und beschleunigen lassen. Seine Learnings in diesem Bereich betreffen die Geschäftsprozesse im Unternehmen, die an der Entwicklung beteiligten Personen und den Kunden bzw. Markt. Nachfolgend werden diese Erkenntnisse beschrieben, weiter ausgeführt und bei Bedarf ergänzt.

8.2.1 „Mini-Businessplan" erstellen

Grundvoraussetzung für eine erfolgreiche Produktentwicklung ist, für ein geplantes Produkt zumindest die Eckdaten, d. h. den Kundenbedarf, die Marktgröße und die Grundzüge der zu entwickelnden technischen Lösung, festzulegen. Dies kann in Form eines kleinen, abgespeckten Businessplanes erfolgen.

Für Unternehmensgründer ist dies inzwischen schon eine Selbstverständlichkeit: Businesspläne werden im Rahmen von Businessplanwettbewerben und/oder für die Akquise von Finanzmitteln erstellt. Gerade kleinere Industrieunternehmen machen sich jedoch oft nicht einmal die Mühe, für ein geplantes Produkt vorab die Basisdaten festzulegen und zumindest intern zu besprechen. Dies ist jedoch entscheidend, da nur aufgrund einer gemeinsamen schriftlichen Basis über den Sinn und Zweck eines Produkts diskutiert werden kann. Zudem können im Rahmen einer solchen Diskussion bereits Verbesserungspotenziale herauskristallisiert und umgesetzt werden, bevor überhaupt mit der Produktentwicklung begonnen wurde.

8.2.2 Kundenfeedback frühzeitig einholen

Die Idee, den Kunden in die Entwicklung eines Produkts mit einzubeziehen, ist Grundlage des Marketings und somit nicht neu. Trotzdem wird dieser Ansatz weiterhin in vielen Unternehmen nicht konsequent umgesetzt. Der Kunde kann in verschiedenen Stufen in eine Produktentwicklung integriert werden: Diese reichen von der klassischen Marktforschung über das Feedback auf Prototypen bis hin zur gemeinsamen Produktentwicklung. Letztere wird im Rahmen von Open Innovation heute ebenfalls vermehrt praktiziert.

Jeder dieser Ansätze weist jedoch seine Vor- und Nachteile auf. Die klassische Marktforschung kann gute Ergebnisse bei Produktverbesserungen liefern. Bei der Entwicklung vollständig neuer Produkte hat sie jedoch auch einige Nachteile: So sind die Fragestellungen eher kurzfristig orientiert und richten sich an den bestehenden Kunden und Produkten aus. Die meist quantitativ konzipierten Befragungen können neu aufkommende Bedürfnisse und Entwicklungen kaum erfassen.

Bei der Methode der Open Innovation hingegen, wie sie Henry Chesbrough (2006), Eric von Hippel (2005) vertreten, werden die Kunden oder sog. Lead User[1] direkt in den Produktentwicklungsprozess einbezogen. Teilweise werden die Ideen zur Produktentwicklung auch komplett den Kunden überlassen. Ziel ist es, den unternehmensinternen Innovationsprozess zu öffnen und die Außenwelt zur Vergrößerung des eigenen Innovationspotenzials zu nutzen. Auf diese Weise erhofft sich ein Unternehmen, eine sehr große Anzahl an Ideen sowie völlig neue Ideen zu erhalten. Allerdings sollte überlegt werden, welche Teile der eigenen Entwicklung nach außen geöffnet werden. Zudem beinhaltet dieser Ansatz das Risiko eines hohen Zeitaufwands, der mit ungewissen Ergebnissen einhergeht. Auch besteht die Gefahr, und diese lässt sich trotz anderslautender Meinungen nicht leugnen, dass wertvolles unternehmensinternes Know-how nach außen dringt und den Wettbewerbern einen Vorsprung verschafft.

[1] Lead User sind laut von Hippel Kunden, die wichtige Markttrends sehr früh erkennen und mit viel Engagement nach Lösungen für Probleme suchen, welche diese Markttrends mit sich bringen.

Brunner beschreibt den Mittelweg des Feedbacks auf Prototypen. Hier werden Verbesserungspotenziale vor allem durch frühes Kundenfeedback generiert. Dieser Ansatz hat den Vorteil, dass der Kunde einbezogen wird, das Unternehmen jedoch die Kontrolle behalten kann. Brunner handhabt es in der Weise, dass er mit einem Datenblatt, welches grob die Eckdaten beschreibt, mit einigen Personen aus seinem Netzwerk spricht – seien es Kunden oder Lieferanten. Aufgrund deren Rückmeldungen verfeinert er das Datenblatt immer weiter und kann so auch Faktoren berücksichtigen, die ihm zuvor nicht aufgefallen waren. Der nächste Schritt besteht darin, potenziellen Kunden einen frühen Prototypen zu zeigen. Dieser Prototyp enthält zwar alle Funktionalitäten, ist aber nicht fertig konstruiert und designt. Auf diese Weise lassen sich Fehlentwicklungen sehr früh korrigieren.

Entscheidend bei dieser Vorgehensweise sind für Brunner das Vertrauen in seine Gesprächspartner und der Know-how-Schutz. Vertrauen kann nur durch längere Beziehungen bzw. Empfehlungen durch vertrauenswürdige Personen entstehen. Hierzu muss kontinuierlich ein Netzwerk aufgebaut werden, das um Personen ergänzt wird, die für den jeweiligen Markt bzw. das jeweilige Produkt relevant sind. Brunner hat sich über die Jahre hinweg ein großes Netzwerk an freien Mitarbeitern aufgebaut, die er zur Lösung von technischen Problemen ansprechen und in die Entwicklung einbeziehen kann. Er erweitert sein Netzwerk nach Bedarf und legt darauf Wert, die Personen, mit denen er zusammenarbeiten will, auch persönlich kennenzulernen.

Gerade für die Entwicklung neuer Produkte bestehen vielfach noch keine langjährigen Beziehungen zu vertrauenswürdigen Kunden und Lieferanten. Hier ist der Know-how-Schutz von hoher Bedeutung. Für technische Produkte und Verfahren kann vorab ein Patent oder ein Gebrauchsmuster angemeldet werden. Bei Softwareprodukten ist dies oft nicht möglich, aber hier muss ja nicht der Quellcode, sondern nur bestimmte Funktionalitäten offenbart werden. Zudem gilt, dass es von der Idee zum marktfähigen Produkt ein weiter Weg ist. Die meisten Ideen scheitern nicht daran, dass sie von Konkurrenten kopiert werden, sondern an der Umsetzung im eigenen Unternehmen. Trotzdem sollte natürlich ein vorsichtiges Agieren Standard sein.

8.2.3 Mitarbeiter befähigen und motivieren

Ganz entscheidend für eine effektivere Produktentwicklung sind für Brunner die Menschen, die dahinter stehen. Dies sind einerseits die Mitarbeiter, andererseits auch die Führungskräfte bzw. der Unternehmer selbst.

Bei der Führung von Mitarbeitern in der Produktentwicklung hat Brunner die Erfahrung gemacht, dass vor allem bei innovativen Produkten Freiräume entscheidend sind. Die Mitarbeiter müssen Zeit für die Entwicklung erhalten, es darf nicht jeder Schritt kontrolliert werden. Sehr konsequent hat dies beispielsweise das Unternehmen 3M umgesetzt, bei dem die Mitarbeiter bis zu 15 % ihrer Arbeitszeit der Entwicklung von Produkten widmen dürfen, die ihnen selbst wichtig sind und nicht unbedingt mit ihren unmittelbaren Aufgaben im Unternehmen zu tun haben müssen. Nach den Worten von Bill Coyne, einem ehemaligen Vizepräsidenten für Forschung und Entwicklung von 3M, entstanden die meisten Innovationen, auf denen der heutige Erfolg des Unternehmens basiert, aufgrund dieser individuellen Aktivitäten. Ein Beispiel sind die Post-it-Haftnotizen, die darauf basieren, dass ein neu entwickelter Klebstoff nicht im herkömmlichen Sinne funktionierte (3M Company 2002).

Freiräume sind das eine, Kommunikation ist das andere. Nur wenn Mitarbeiter die übergeordneten Ziele und Zusammenhänge kennen, können sie sich mit ihren unmittelbaren Aufgaben identifizieren. Um dies zu erreichen, sind kontinuierliche Gespräche notwendig. Der Meinungsaustausch und Diskussionen sollten jedoch nicht nur auf die Entwicklungsabteilung beschränkt bleiben, sondern auch mit anderen Abteilungen wie Marketing, Vertrieb und Kundendienst stattfinden. Dies ist gerade für große Unternehmen sehr wichtig.

Die Mitarbeiter sollten Hilfestellungen erhalten, wenn sie bestimme Probleme nicht selbst lösen können. Brunner hat die Erfahrung gemacht, dass auf diese Weise auch Mitarbeiter motiviert werden können, die viele Jahre in einer anderen Art und Weise gearbeitet haben. Ein weiterer entscheidender Punkt ist, die Mitarbeiter ihrer Fähigkeiten und Stärken entsprechend einzusetzen und die Aufgabenprofile anzupassen. Gerade in einem größeren Unternehmen bieten sich in der Regel Möglichkeiten des Tauschs von Aufgaben und Positionen.

Nach Fredmund Malik entwickeln sich Menschen mit und an ihren Aufgaben. Im Vordergrund muss für sie die Möglichkeit stehen, eine Leistung zu erbringen und für diese selbst verantwortlich zu sein. Diese Aufgaben sollte zu dem Menschen und seinen Stärken passen. Deshalb ist es entscheidend, Menschen dort einzusetzen, wo sie die bestmögliche Leistung erbringen können. Dann ergibt sich die Motivation von selbst (Malik 2014).

8.2.4 Managementfähigkeiten entwickeln

Brunner hat auch die Erfahrung gemacht, dass er als Unternehmer bzw. Führungskraft an sich selbst arbeiten muss. Durch seine ersten Erfahrungen als Unternehmer erkannte er die Bedeutung einer strategischen Vorgehensweise bei der Produkt- und Unternehmensentwicklung (s. Abschn. 2.1 Gespräch mit Serial Entrepreneur Dr. Andreas Jenne). Bevor mit den operativen Maßnahmen begonnen wird, sollten zuerst die Ziele und Strategien festgelegt werden. Sonst ist man in der Entwicklung schnell in einer ständigen Korrekturschleife gefangen und nur damit beschäftigt, die Entwicklungsrichtung kurzfristig zu korrigieren und Fehler wieder auszumerzen. Dies gilt natürlich umso mehr, je mehr Personen an einer Produktentwicklung beteiligt sind.

Stephen Covey, der sein ganzes Leben dem Thema der Steigerung der persönlichen Effektivität gewidmet hat, beschreibt dies mit: „schon am Anfang das Ende im Sinn zu haben" (Covey 2014). Dies bedeutet für ihn, mit klaren Zielvorstellungen zu starten und zu wissen, wo man hingehen möchte, damit man auch erkennt, wo man derzeit steht. Viel zu viele Menschen sind in einer Art Aktivitätsfalle gefangen: Sie sind sehr geschäftig, vielleicht sogar effizient, aber nicht effektiv.[2] Dies hat nach Covey den gleichen Sinn, als wenn die (Erfolgs-)Leiter einer Person an der falschen Mauer lehnen und diese Person sich trotzdem bemühen würde, die Leiter Stufe für Stufe zu erklimmen.

Brunner spricht als weiteren wichtigen Punkt das Selbstmanagement an. Hierzu gehören das Setzen von Prioritäten, die Einteilung von Zeitbudgets und auch das Achtgeben auf die eigene Person. Brunner war bei seinem ersten Unternehmen dem Burn-out nahe. Dies bestätigt die wissenschaftliche Literatur: Dem Gründen und Führen mehrerer Unternehmen wird generell ein großer Lerneffekt zugesprochen. So nehmen mit der Anzahl der Unternehmensgründungen die suchtähnlichen Faktoren ab, die zum Burn-out führen können. Der Entrepreneur reift persönlich, er bewegt sich auf seiner „Personal Maturity Curve" und lernt, sich auf die unmittelbaren Herausforderungen des Unternehmens zu konzentrieren (Spivack et al. 2014).

Zudem sollte ein Unternehmer nach den Erkenntnissen von Brunner nicht nur die eigenen Vorgehensweisen und Fähigkeiten für die Erfolg versprechendsten halten. In vielen Fällen empfiehlt es sich, Mitarbeiter einzustellen, die in einem bestimmten Fachgebiet mehr können als man selbst, um dann von diesen zu lernen. Dies entbindet einen Unternehmer jedoch nicht von der Verantwortung, eine gewisse Ahnung vom fachlichen Kontext zu haben, da er sonst Entwicklungen nicht richtig beurteilen und keine qualifizierten Entscheidungen fällen kann.

[2]Effizienz bedeutet, die Dinge richtig zu tun. Effektivität bedeutet, die richtigen Dinge zu tun.

8.2.5 Lean Start-up

In diesem Abschnitt wird ergänzend ein interessanter Ansatz zur Beschleunigung der Produkt- und Unternehmensentwicklung vorgestellt, der heute vermehrt von Unternehmensgründern, aber auch von einigen etablierten Unternehmen angewendet wird. Dieser Ansatz, auch „Lean Start-up" genannt, wird von Steve Blank (2013), Eric Ries (2013) und vielen anderen vertreten und inzwischen an mehr als 25 amerikanischen Universitäten gelehrt. Auch in Deutschland wird er zunehmend populär. So nutzt Brunner diese Methode, wenn er mit Unternehmensgründern zusammenarbeitet, die schnell und mit geringem Aufwand am Markt sein möchten.

Bei Lean Start-up handelt sich um eine Methode der Unternehmensgründung und der Innovationsgenerierung, bei der alle Prozesse so schlank wie möglich gehalten werden. Sie lehnt sich an die Methode der Lean Production an, die bei Toyota entwickelt wurde und „schlanke Produktion" bedeutet. Ziel ist es, schnell zu scheitern und aus diesen Fehlern schnell zu lernen. Der Ansatz von Lean Start-up basiert auf drei Prinzipien: 1) Experimente statt ausgefeilter Planung: Hypothesen hinsichtlich des Geschäftsmodells werden aufgestellt und visualisiert (beispielsweise in Form sog. Business Model Canvas). Ausführliche Businesspläne werden nicht mehr geschrieben (Osterwalder und Pigneur 2011). 2) Kundenfeedback statt eigener Meinung: Von Kunden und Partnern wird Feedback zum Geschäftsmodell eingeholt. Dies betrifft unter anderem die Produkteigenschaften, die Preise und die Vertriebskanäle. 3) Schrittweise Entwicklung statt Vollständigkeit von Anfang an: Das Produkt wird iterativ – d. h. schrittweise bis hin zur optimalen Lösung – entwickelt.

Die Lean-Start-up-Methode zielt auf das sehr schnelle Lernen schon in einer sehr frühen Phase des Unternehmens ab. Jede Funktion, jeder Prozess und jede Aktivität, die nicht zu dem angestrebten Lernfortschritt führt, wird unterlassen. Nur wertschaffende Aktivitäten werden fortgeführt. Auf diese Weise kann ein Unternehmen mit einem möglichst geringen Kapital- und Personalaufwand gegründet und aufgebaut werden. Ziel ist es, in möglichst kurzer Zeit ein tragfähiges Geschäftsmodell zu entwickeln.

Ein Schwerpunkt dieser Methode liegt, wie erwähnt, auf der schnellen Entwicklung eines Produkts, das den Kunden eine optimale Lösung bietet und die Basis für ein tragfähiges Geschäftsmodell stellt. Kerngedanke ist es, markt- und kundennahe Experimente durchzuführen. Von Bedeutung ist hier der unmittelbare Lernprozess, der zeigt, ob und in welcher Form der Kunde das Produkt benötigt. Deshalb wird so schnell wie möglich eine Basisversion des Produkts bzw. eines

Leistungsangebots (Prototyp, Betaversion) entwickelt. Diese enthält die unbedingt erforderlichen Funktionalitäten, allerdings in reduziertem Umfang. Diese Basisversion wird an potenziellen Kunden getestet, die Funktionalitäten werden diskutiert. Das Kundenfeedback wird genutzt, um einen Lernprozess in Gang zu setzen, mithilfe dessen das Produkt optimiert oder auch komplett neu ausgerichtet werden kann. Der kontinuierliche Prozess des Testens, des Lernens, des Umsetzens von Kundenfeedback, des nochmaligen Testens etc. wird wiederholt, bis das Produkt so weit entwickelt ist, dass es für die Kunden einen Mehrwert schaffen kann. Diese kontinuierliche Feedbackschleife ist deswegen so wichtig, da ein Produkt, das dem Kunden keinen Nutzen bringt, weder durch kontinuierliche Verbesserungen noch durch ausgefeilte Marketingmaßnahmen auf dem Markt Erfolg haben wird.

Die Lean-Start-up-Methode ist sicherlich ein interessanter Ansatz, um neue Denkweisen anzuregen und bestimmte Prozesse zu beschleunigen. Die von ihr beanspruchte Alleinstellung hinsichtlich des kontinuierlichen Testens, Lernens und Verbesserns mithilfe von Kundenfeedback ist jedoch nicht gerechtfertigt. Diese Vorgehensweise wird gerade von kleineren Unternehmen schon lange in der Praxis angewendet, da diese nicht über die erforderlichen personellen und finanziellen Ressourcen verfügen, um lange Planungsprozesse und aufwendige Entwicklungsprozesse durchzuhalten.

Zu beachten ist auch, dass eine zu frühe Einbeziehung des Kunden dazu führen kann, dass keine Durchbruchsinnovationen, sondern nur inkrementelle Innovationen, die zu nahe am Bestehenden liegen, entwickelt werden (Gassmann 2013). Trotzdem enthält Lean Start-up interessante Ansatzpunkte, die durchaus von Unternehmensgründern und Unternehmen ausprobiert werden sollten.

8.2.6 Tipps für Unternehmer und Unternehmensgründer

Tipps für Unternehmer

- Unternehmen sollten zumindest einen „Mini-Businessplan" für ein neu geplantes Produkt schreiben.
- Ideen und Know-how sollten, wenn möglich, durch eine Patentanmeldung vorab geschützt werden.
- Es empfiehlt sich, das geplante Produkt hinsichtlich Zielen und Verbesserungspotenzialen mit den internen Abteilungen Entwicklung, Marketing, Vertrieb und Kundendienst zu diskutieren.

- Wenn möglich, sollten die Kunden in die Produktentwicklung einbezogen werden. Vorab muss überlegen werden, inwieweit und in welcher Form diese Integration erfolgen kann.
- Ein Netzwerk mit vertrauensvollen Kontakten zu Kunden und Lieferanten kann bei der Diskussion von Ideen unterstützen.
- Mitarbeiter sollten für ihre Aufgaben der Produktentwicklung befähigt und motiviert werden. Hierfür eignen sich regelmäßige Gespräche zwischen Führungskraft und Mitarbeitern sowie die Verfügbarkeit von guten Arbeitsmitteln.
- Die Anwendung der Lean-Start-up-Methode in ihren Grundzügen kann zu neuen Denk- und Vorgehensweisen anregen.

Weitere Tipps für Unternehmensgründer

- Besonders wichtig ist, sich über die persönlichen Ziele sowohl in beruflicher als auch in privater Hinsicht frühzeitig klar zu werden und diese möglichst zu vereinbaren.
- Zielorientierung und eine effiziente Vorgehensweise erlauben es, die komplexen Aufgaben einer Unternehmensgründung zu meistern. Hierzu gehört auch, mit der eigenen Person pfleglich umzugehen und zu lernen, Prioritäten zu setzen sowie seine Zeit zu managen.
- Ein Unternehmensgründer sollte frühzeitig an Marketing und Vertrieb denken. Wenn die eigenen Stärken und Interessen nicht in diesen Bereichen liegen, können für diese Aufgaben qualifizierte Personen gesucht werden.

Literatur

3M Company. 2002. The 3M story. A century of innovation. http://multimedia.3m.com/mws/media/171240O/3m-coi-book-tif.pdf. Zugegriffen: 29. Febr. 2016.

Blank, Steve. 2013. Why the lean start-up changes everything? *Harvard Business Review* 91 (5): 65–72.

Chesbrough, Henry. 2006. *Open innovation. The new imperative for creation and profiting from technology*. Boston: Harvard Business School Press.

Covey, Stephen R. 2014. *Die 7 Wege zur Effektivität*, 35. Aufl. Offenbach: Gabal.

Gassmann, Oliver. 2013. *Praxiswissen Innovationsmanagement. Von der Idee zum Markterfolg,* 3. Aufl. München: Hanser.

Hippel, Eric von. 2005. Democratizing innovation. Cambridge: MIT Press. http://evhippel.mit.edu/books/. Zugegriffen: 18. Febr. 2016.

Malik, Fredmund. 2014. *Führen, Leisten, Leben*, 3. Aufl. Frankfurt a. M.: Campus.

Nörr, Monika. 2015. Analyse der Entwicklung von Serial Entrepreneurs aus Hightech-Branchen – mit einem Schwerpunkt auf dem Human- und Sozialkapital. Diss., Hamburg: Dr. Kovač.

Osterwalder, Alexander, und Yves Pigneur. 2011. *Business model generation*. Frankfurt a. M.: Campus.

Ries, Eric. 2013. *Lean Startup – Schnell, risikolos und erfolgreich Unternehmen gründen*, 2. Aufl. München: Redline.

Spivack, April J., Alexander McKelvie, und Michael J. Haynie. 2014. Habitual entrepreneurs: Possible cases of entrepreneurship addiction? *Journal of Business Venturing* 29 (5): 651–667.

9 Lernen aus Fehlern: Innovative Unternehmen zum Erfolg führen

Es passieren unendlich viele Fehler auf dem Weg zu einem erfolgreichen Unternehmen. Es geht lediglich darum, aus diesen zu lernen.

Zusammenfassung

Ein Unternehmensgründer sollte sich bewusst sein, dass unternehmerischer Erfolg von hoher Unsicherheit geprägt ist. Bisher erfolgreiche Unternehmen sind kein Garant für weitere unternehmerische Erfolge. Umgekehrt kann auf ein gescheitertes Unternehmen ein sehr erfolgreiches Unternehmen folgen. Eine wichtige Voraussetzung hierfür ist das kontinuierliche Lernen aus Fehlern. Jedoch nicht nur auf das Lernen kommt es an, sondern auch auf die konsequente und schnelle Umsetzung dieser Learnings im eigenen Unternehmen. Der Serial Entrepreneur Dr. Karsten Henco ist der Meinung, dass ein innovativer Unternehmer Fehler nie ganz vermeiden kann, da er stets Neuland betritt. Vielmehr werden im Laufe der Zeit alte Fehler durch neue Fehler ersetzt. Im persönlichen Gespräch berichtet er von seinem Werdegang als Mehrfachgründer und seinen Erfahrungen und Learnings hinsichtlich häufig begangener Fehler bei Unternehmensgründungen in der Biotechnologiebranche.

Dr. Karsten Henco, Managing Partner, HS LifeSciences GmbH

Dr. Karsten Henco (s. Abb. 9.1) studierte Biochemie an der Universität Hannover und der Technischen Hochschule Darmstadt. Nach seiner Promotion arbeitete er als Postdoktorand am Institut für Molekulare Biologie von

M. Nörr, *Key Learnings aus dem Serial Entrepreneurship*,
DOI 10.1007/978-3-658-13084-8_9

Abb. 9.1 Serial Entrepreneur Dr. Karsten Henco. (© Dr. Karsten Henco)

Charles Weissmann an der Universität Zürich. Während seiner Anstellung bei der BASF AG in Ludwigshafen war er für den Aufbau der Molekularbiologie und der Technologie der rekombinanten DNA zuständig. Henco verließ die BASF, um selbst als Unternehmensgründer tätig zu werden.

Henco hat 24 Unternehmen in der Biotechnologiebranche mitgegründet. In folgende neun Unternehmen hat er sich selbst sehr stark eingebracht: Diagen/Qiagen GmbH in Hilden, Evotec AG in Hamburg, Neurimmune Therapeutics AG in Schlieren (Schweiz), HS LifeSciences GmbH in Düsseldorf, U3 Pharma AG in Martinsried bei München, Medesso GmbH in Mainz, Qlaym GmbH in Düsseldorf, Ethris GmbH in Planegg bei München und Medoderm GmbH in Mainz. Mit dem Unternehmen HS LifeSciences ist Henco heute als Investor, Berater, CEO und Aufsichtsratsmitglied für Biotechnologieunternehmen tätig.

Sein erstes Unternehmen, die Diagen GmbH, die ein paar Jahre später in Qiagen umbenannt wurde, gründete Henco im Jahr 1984 in Düsseldorf zusammen mit seinen beiden wissenschaftlichen Kollegen und Freunden Metin Colpan (Chemiker) und Jürgen Schumacher (Biologe). Mitgründer war zudem Detlev Riesner, Inhaber des Lehrstuhls für Physikalische Biologie der Universität Düsseldorf, den Henco bei seiner Promotion in Hannover kennengelernt hatte. Die Gründer setzten zu Beginn auf die Idee, Diagnostika für Pflanzenschädlinge zu entwickeln. Anschließend konzentrierte sich Diagen auf ein Produkt zur Isolierung und Reinigung von Nukleinsäuren. 1997 ging das Unternehmen als eine der ersten universitären Ausgründungen an die Börse. Henco verließ das Unternehmen 1993. Im

Jahr 2014 wies Qiagen als größtes deutsches Biotechnologieunternehmen einen Nettoumsatz von 1,34 Mrd. US$ auf und beschäftigte weltweit über 4000 Mitarbeiter.

Sein zweites Unternehmen, die Evotec Biosystems GmbH, später Evotec AG, gründete Henco 1993 in Hamburg. Mitgründer waren unter anderem Manfred Eigen, Charles Weissmann und Ulrich Aldag, der frühere kaufmännische Leiter von Qiagen. Ziel war es, Proteine durch Mutation und Rekombination so zu optimieren, dass sie spezielle Anforderungen der Industrie erfüllten. Die wissenschaftlichen Grundlagen für dieses Unternehmen waren bereits bei Diagen gelegt worden. Das Unternehmen ging 1999 an die Börse. Henco war bis zum Jahr 2001 geschäftsführender Gesellschafter und CEO, bis 2005 Mitglied des Aufsichtsrats. Im Jahr 2012 wies Evotec einen Nettoumsatz von 89,5 Mio. EUR auf und beschäftigte weltweit über 700 Mitarbeiter.

Ein weiteres Unternehmen, in das sich Henco als Mitgründer in hohem Maße einbrachte, war die Neurimmune Therapeutics AG im Schweizer Schlieren. Diese Ausgründung aus der Universität Zürich erfolgte im Jahr 2006. Henco übernahm die Funktion des Verwaltungsrats und des Lead Investors. Das Unternehmen entwickelt monoklonale Antikörper gegen Krankheiten wie Alzheimer und Parkinson. Heute hat Henco keine operative Funktion mehr inne.

Das Unternehmen, in dem Henco heute überwiegend tätig ist, ist die HS LifeSciences GmbH in Düsseldorf. Diese wurde im Jahr 2008 von Henco und seinem ehemaligen Kollegen bei U3 Pharma und Neurimmune, Ed Stuart, gegründet, um die Entwicklung, Finanzierung und das Management von neu gegründeten Life-Science-Firmen zu unterstützen. HS LifeSciences betreut hierfür einen eigenen Investmentfonds.

Quelle: Nörr 2015

9.1 Gespräch mit Serial Entrepreneur Dr. Karsten Henco

▶ Wie und warum sind Sie zum Unternehmer geworden?

Ich habe die Chance ergriffen und mit zwei Freunden und einem gemeinsamen Professor aus Studienzeiten eine Unternehmensgründung gewagt. Wir drei

Freunde sind im Vorfeld immer in Kontakt geblieben. Das ist ziemlich wichtig für die Geschichte, da wir sehr unterschiedlich positioniert waren. Auch von unseren Fähigkeiten her waren wir recht komplementär. Einer war ein Vermarktungsfreak, das war Metin Colpan, der hat immer in Marktdimensionen gedacht, die mir damals völlig fremd waren. Ich war mehr der Wissenschaftler. Derjenige, der extrem gut mit Menschen umgehen konnte, war Jürgen Schumacher. Damit will ich nicht sagen, dass wir jeweils total blinde Flecken auf den anderen Gebieten hatten, aber das waren die Kompetenzschwerpunkte. Das ist auch mein allerwichtigster Punkt – ich habe immer in Teams gedacht, deren Mitglieder sich komplementieren. Das war bei meinem ersten Unternehmen, Diagen/Qiagen, ganz extrem, aber es zieht sich bis heute wie ein roter Faden durch mein Leben. In unserem Fonds der HS LifeSciences sind wir auch wieder zu dritt und haben wieder relativ spitze Fähigkeits- und Unfähigkeitsprofile. Ich habe immer dafür gesorgt, dass mich von außen keiner in meinen Unfähigkeiten erkannt hat, indem meine Kollegen hier kompensiert haben und vice versa.

Während meiner Zeit als Postdoktorand haben wir drei Freunde uns immer wieder überlegt, wie man in Deutschland ein Unternehmen in der Biotechnologiebranche gründen könnte. Damals gab es noch nicht so viele Informationen und Netzwerke zu diesem Thema. Im Jahr 1984, acht Jahre nach der Genentech-Gründung in den USA, haben wir folgende Analyse gemacht: 1) Eine Unternehmensgründung ist prinzipiell schwierig. 2) Wir werden die finanziellen Mittel nicht akquirieren können, um etwas Vergleichbares zu starten. 3) Es ist alles viel zu spät, und deshalb muss uns etwas ganz Spezifisches einfallen.

Deshalb haben wir uns anfangs auf Diagnostika für Pflanzenschädlinge konzentriert. Das war natürlich völlig falsch, weil es die Märkte damals weder gab, noch waren diese aktivierbar. Heute sind diese Märkte vorhanden, allerdings nicht in Deutschland. Im Laufe der ersten zwei bis drei Jahre haben wir erkannt, dass wir uns völlig neu positionieren müssen. Das taten wir mit einem Produkt zur Isolierung und Reinigung von Nukleinsäuren, mit dem Qiagen heute rund 1 Mrd. Umsatz erzielt. Als wir gesehen haben, was das Erfolgsprodukt ist, haben wir uns nahezu ausschließlich darauf konzentriert.

Das ist auch ein Charakteristikum der Biotechnologiebranche: Kaum ein erster Businessplan wird so umgesetzt, wie er geschrieben ist. So grünohrige Gründer, wie wir es damals waren, haben in der Regel auf die falschen Pferde gesetzt. Der Privatinvestor, der uns das erste Geld gab, hat damals gesagt: Euer Businessplan interessiert mich nicht, den verstehe ich im Zweifel sowieso nicht. Was mich interessiert, ist, ob ihr Typen seid, die selbstkritisch mit sich umgehen können und im schlimmsten Fall auch die Pferde neu satteln. Das war für ihn das wichtigste

Kriterium. So sehe ich das heute auch. Ich habe so viele innovative Projekte und Unternehmen erlebt, die, wenn sie funktioniert haben, am Ende ein ganz anderes Geschäftsmodell aufwiesen als das, mit dem sie gestartet sind. Dieses ist eines der Geheimnisse eines erfolgreichen Unternehmers: sich immer wieder zu überprüfen, ob das Konzept wirklich stimmt. Und in dem Moment, in dem man realisiert, dass ein Projekt ein nicht zu hebendes Potenzial betrifft, muss man auch bereit sein, das Ruder brutal herumzureißen.

▶ Warum haben Sie das zweite und weitere Unternehmen gegründet?

Die Qiagen ist sehr gut gelaufen, aber die brauchte mich nach neun Jahren nicht mehr. Damals gab es zwar noch etwas zu vermarkten, aber um das Schlüsselprodukt nichts mehr grundsätzlich zu erforschen. Wir sind nur noch mit unserem Musterköfferchen durch die Lande gezogen und haben unser Produkt beworben. Ich habe den Verkauf zwei Jahre mitgemacht, war aber im Grunde ein Forscher und wollte so nicht weiterarbeiten. Somit habe ich mich entschlossen, bereits vorhandene innovative Forschungsergebnisse aus der Qiagen herauszulösen und mit einer neuen Firma, der Evotec, umzusetzen. Ziel war es, Proteine durch Mutation und Rekombination so zu optimieren, dass sie spezielle Anforderungen der Industrie und Medizin als Produkt erfüllen. Dies geschah mit neuen Investoren und separat von der Qiagen, allerdings gemeinsam mit Qiagen-Gründern. Später haben wir die Evotec an die Börse gebracht. Anschließend hatte ich bei der U3 Pharma eine CEO-Position inne.

Nach dem Verkauf von U3 haben ein Kollege und ich HS LifeSciences gegründet, um die Entwicklung, Finanzierung und das Management von neu gegründeten Life-Science-Firmen zu unterstützen. Wir wollten das, was wir gelernt haben und was erfolgreiche innovative Gründungen ausmacht, in einem eigenen Investmentfonds und in einem Netzwerk kleiner Unternehmen breiter aufstellen. Als HS LifeSciences betreuen wir investiertes Kapital und gehen vor allem selbst in den ersten zwei Jahren operativ engagiert in diese Unternehmen mit hinein. Wir sammeln von anderen Personen oder Institutionen Geld ein und investieren dieses in vielversprechende Unternehmen, die wir in den ersten zwei Jahren als Manager begleiten.

Insgesamt habe ich 24 Unternehmen in der Biotechnologiebranche mitgegründet. In neun Unternehmen habe ich mich selbst operativ stark eingebracht. In vielen Fällen war ich Mitgründer, habe aber keine essenzielle Rolle für den Erfolg gespielt.

▶ **Für Sie ist konsequentes Lernen aus Fehlern eine Grundvoraussetzung für den Erfolg von Innovationen und Unternehmen. In welchen Bereichen ist ein solches Lernen Ihrer Erfahrung nach besonders wichtig?**

Sehr viele Fehler kann man bei der Auswahl von Führungskräften machen. Wir haben in der Führung immer konsequent aussortiert und auch immer konsequent dazugeholt. Beides ist gleich wichtig. Alleine habe ich in meinem ganzen Leben nie etwas gemacht. Es waren immer Teams. Ich habe viel auf bewährte Partner gesetzt, allerdings darf man das Thema Freundschaft auch nicht überstrapazieren. Das kann sehr hinderlich sein. Es waren immer Beziehungen, in denen man sich auch sehr offen gegenseitig die Meinung gesagt hat. In denen auch bis zum heutigen Tage die Fetzen fliegen, aber doch ein unerschütterlicher Hang besteht, zu einem Konsensergebnis zu kommen. Ich habe immer streitbare Leute um mich herum gesucht, aber nicht Leute, die von ihrem Ego getrieben sind. Das ist mir nicht immer gelungen, und das würden diese von mir wahrscheinlich auch nicht sagen. Ich habe Leute gesucht, denen es maßgeblich um die Sache geht. Das ist eine Grundvoraussetzung. Wenn Sie Ego-Leute dabei haben, wird es schwierig.

Auf alle Fälle habe ich immer sehr schnell herausgefunden, ob es persönlich passte oder nicht. Wenn es nicht passte, dann hat man sich in herzlicher Antipathie schnell wieder voneinander getrennt. Ich glaube, das muss man mit großer Offenheit und Sportlichkeit miteinander diskutieren. Manchmal kann ich selbst gar nicht begründen, was falsch oder richtig ist. Ich hatte durchaus schon Situationen, in denen ich die Meinung A und mein Partner die Meinung B hatte, und ich nicht mit Sicherheit wusste, ob meine Meinung richtig ist. Ich wusste nur, dass ich B nicht mittragen möchte. Wenn man es nicht erklären kann, muss man einfach loslassen. Wichtig ist, dass man ein Klima der konstruktiven, kritischen Offenheit miteinander pflegt, aber das ist natürlich sehr schwierig. Schön war es, wie wir damals bei Qiagen mit einer ersten Positiv-Erfahrung starten konnten, später hatte ich auch negative Erlebnisse.

Entscheidend ist es auch, von Anfang an den Blick auf den Kunden zu richten. Man muss mit den zukünftigen Kunden sprechen und Informationen in das Unternehmen holen. Bei U3 Pharma beispielsweise hat das Management, zu dem ich damals noch nicht gehörte, vom ersten Tag an jedes halbe Jahr die großen potenziellen Pharmakunden und -partner besucht und diesen vom Stand der Entwicklungen berichtet. So erhielten sie Feedback und konnten daraus ihre Produktentwicklung steuern. Unmittelbares Kundenfeedback und keine Angst davor, sich zu positionieren und sich zu exponieren, das ist von entscheidender Bedeutung.

Früher war das ganz extrem, als das traditionelle Finanzierungsmodell mit den mehrstufigen Finanzierungsrunden noch vorhanden war. Da haben sich die Unternehmer unglaubliche Gedanken gemacht, wie sie die Investoren in der nächsten Runde überzeugen können. Nicht bedacht haben sie, dass am Ende nicht die Investoren das Ganze bezahlen, sondern die Kunden ihrer Produkte. Das ist ein höllischer Unterschied, der sich in der täglichen Arbeit und ihren Zielen spiegelt. Wenn Sie sich nicht vom Tag eins an Ihren Kunden gegenüber exponieren und positionieren, dann werden Sie Schiffbruch erleiden. Dieses Rückkopplungs-Regulativ muss von Anfang an Teil der Unternehmens- und Produktentwicklung sein. Viele Unternehmer bleiben viel zu lange an ihrem Schreibtisch oder in ihrem Labor. Wenn sie dann den Kunden ihr fertig entwickeltes Produkt präsentieren, sagen diese: nein – mit diesem Eigenschaftsprofil leider nicht.

Diese Beispiele zeigen, dass das Lernen aus Fehlern durch nichts zu ersetzen ist. Es passieren unendlich viele Fehler auf dem Weg zu einem erfolgreichen Unternehmen. Wenn etwas nicht gelungen ist, dann ist es eben so gewesen. Man sollte sich jedoch die Verantwortung für den Fehler eingestehen und einen Lösungsvorschlag präsentieren. Ich kenne kein einziges Unternehmen, in dem ich mich engagiert habe, in dem diese Situation eine andere war. Diese haben sich alle in der Luft gedreht, sobald sie registriert haben, dass die Richtung nicht stimmt. In einem solchen Fall müssen Sie konsequent und schnell etwas ganz anderes machen. Viele fürchten sich vor dem Gesichtsverlust und halten zu lange an Dingen fest, von denen sie selbst ganz genau wissen, dass es so nicht funktionieren kann. Das ist ein bisschen bequem, aber mit Sicherheit ein durchgängiges Muster.

Ich halte es mit Niki Lauda, der einmal gesagt hat: Es geht darum, die eigenen Fehler möglichst zu erkennen, während sie noch reversibel sind, und dann wirklich mit Schub zu reagieren. Es geht nicht in erster Linie darum, diese Fehler nicht zu machen. Das ist bei der Formel 1 nicht anders als bei der Führung eines Unternehmens.

▶ Was treibt Sie an? Was bedeutet für Sie Erfolg?

Also das ist schwierig, da die Antworten nicht immer glaubwürdig sind. Was man genießt, ist einfach, wenn Sie viele Leute in ein Boot bringen, um ein bestimmtes Ziel zu erreichen, das macht Spaß. Ja, da bin ich sicher nicht alleine dafür verantwortlich, aber wenn ich das mal zusammenzähle, dann habe ich wahrscheinlich bis zum heutigen Tag an der Schaffung von mehr als 5000 Arbeitsplätzen mitgewirkt. Vor allem kreieren alle diese Menschen in meinen Augen sinnvolle Produkte. Mir fällt jetzt keines ein, wofür ich mich aus heutiger Sicht schämen müsste.

9.2 Was Unternehmer von Dr. Karsten Henco lernen können

Dr. Karsten Henco ist einer der bedeutendsten Serial Entrepreneure der deutschen Biotechnologiebranche: Er hat eine ganz entscheidende Rolle bei der Gründung und dem Aufbau vieler erfolgreicher Biotechnologieunternehmen gespielt. Mit seinem heutigen Unternehmen HS LifeSciences stellen er und seine Partner ihre Kenntnisse, Erfahrungen und Kontakte Unternehmensgründern aus der Biotechnologie zur Verfügung. Zudem steigen sie als Investor und anfänglich auch als Manager in die Unternehmen mit ein.

Henco ist der Meinung, dass bei der Gründung und dem Aufbau von Unternehmen sehr viele Fehler entstehen. Für ihn ist deshalb das Lernen aus Fehlern entscheidend für den Erfolg eines Unternehmens. Dies gilt umso mehr, als die Biotechnologie eine Hightechbranche ist, die neben den großen Chancen, beispielsweise im Gesundheitsbereich, auch viele Risiken birgt. Es lassen sich Gebiete herauskristallisieren, bei denen besonders häufig besonders gravierende Fehler auftreten: die Wahl des Geschäftsmodells, die Zusammenstellung des Gründer- und Führungsteams und der Kontakt zum Markt. Nachfolgend werden diese Bereiche beschrieben und weiter ausgeführt.

9.2.1 Geschäftsmodell kritisch prüfen

Ein nicht geeignetes oder nicht funktionierendes Geschäftsmodell ist für Henco einer der häufigsten Fehler, die bei einer Unternehmensgründung auftreten. Er kennt kein Biotechnologieunternehmen, das sein Geschäftsmodell während der Aufbauphase nicht entscheidend geändert hätte.

Das Geschäftsmodell umfasst die Vision des Unternehmens, das zu entwickelnde Produkt bzw. die Dienstleistung, den Kunden, das Vorhandensein eines Markts, den Eintrittszeitpunkt in den Markt, das Kosten-Ertrags-Modell und vieles mehr. Es kann definiert werden als die Beschreibung der Zusammenhänge, wie ein Unternehmen Werte für Kunden schafft, die Kunden erreicht und sich einen eigenen Ertrag sichert (Osterwalder und Pigneur 2011). Die Wahl des „richtigen" Geschäftsmodells ist besonders schwierig, wenn es sich um neue technologische Produkte oder sogar disruptive Innovationen handelt. In wissenschaftsbasierten Branchen wie der Biotechnologie beruhen viele Anwendungen auf Forschungsergebnissen oder Erkenntnissen aus der Wissenschaft. Diese sind noch weit von einem vermarktungsfähigen Produkt entfernt. Gerade bei der Medikamentenentwicklung sind langjährige Vorlaufzeiten und Kapitaleinsätze von mehreren hundert Millionen Euro notwendig. Besonders teuer sind die klinischen Studien, die ein plötzliches Aus für jahrelange Arbeiten bedeuten können, wenn sich herausstellt, dass der therapeutische Wirkstoff die gewünschten Ergebnisse nicht erzielen kann (s. Abschn. 2.1 Gespräch mit Serial Entrepreneur Dr. Andreas Jenne; s. Abschn. 6.1 Gespräch mit Serial Entrepreneur Dr. Herbert Stadler).

Wie Henco berichtet, wissen Unternehmensgründer oft schon zu einem relativ frühen Zeitpunkt, dass ihr Geschäftsmodell oder ihre Technologien nicht funktionieren können. Sie wissen es, ziehen aber keine Konsequenz – sei es aus Bequemlichkeit oder aus Angst vor dem Gesichtsverlust. Eine solche Trägheit gilt bei allgemeinen Marktveränderungen generell für Unternehmer, unabhängig von der Branche: Wie eine wissenschaftliche Studie zeigt, erkennen Entrepreneure zwar neue deutliche Marktsignale, jedoch nur 16 % dieser Entrepreneure passen ihre Geschäftsmodelle an. Sie beharren somit auf ihren bisherigen Ideen und Erfahrungen. Dies gilt gleichermaßen für erfahrene wie unerfahrene Unternehmer (Parker 2006).

Wenn ein Unternehmensgründer sieht, dass sein Geschäftsmodell nicht funktionieren kann, sollte er sofort und mit aller Konsequenz handeln. Die Technologie muss geändert oder ein anderes Produkt in den Fokus genommen werden. Zudem kann die Idee ggf. eine Weile zurückgestellt werden, bis sich doch ein Marktfenster öffnet. Diese Umpositionierung erfordert allerdings einen gewissen Mut, die Fähigkeit zur Selbstkritik und Marktkenntnisse seitens des Unternehmensgründers. Zudem müssen noch ausreichend Ressourcen vorhanden sein, um ein neues Geschäftsmodell in Angriff nehmen zu können.

Erkennt ein Unternehmensgründer, mit welchem Produkt er erfolgreich sein kann, sollte er alle seine Kräfte darauf fokussieren. Wenn er an Wirkung und Erfolg interessiert ist, sollte er sich auf diesen Schwerpunkt beschränken. Niemand kann auf vielen verschiedenen Gebieten gleichermaßen erfolgreich sein. Zu dieser Konzentration bzw. diesem Fokus gehört jedoch auch die ständige Prüfung, ob das Konzept noch stimmt. Dies bezeichnet Henco als das „Erfolgsrezept" eines Unternehmers.

Bei der Mehrzahl der erfolgreichen Neugründungen aus verschiedenen Hightechbranchen wurde das ursprüngliche Geschäftsmodell aufgegeben, sobald die Unternehmer bei der Umsetzung lernten, was funktioniert und was nicht. Der Unterschied zwischen erfolgreichen und gescheiterten Unternehmensgründungen liegt nicht darin, dass von Anfang an das richtige Geschäftsmodell gewählt wird. Viel wichtiger ist, dass die Unternehmensgründer noch ausreichend Ressourcen und Glaubwürdigkeit besitzen, um einen nächsten Versuch mit einem anderen Geschäftsmodell zu starten. Jede Art von Plänen dient in diesem Rahmen dem Lernen und nicht nur der Umsetzung (Christensen et al. 2013).

9.2.2 Komplementäre Teams bilden

Ob das Geschäftsmodell oder das Gründerteam mehr Einfluss auf den Erfolg einer Unternehmensgründung hat, darüber sind sich Wissenschaftler, Berater und Investoren nicht einig. Klar ist jedoch: Entscheidend für jede Art von Erfolg sind die Menschen. In einem neu gegründeten Unternehmen sind in der Regel nur wenige Personen beschäftigt. Diese – und hier vor allem die Führungskräfte – entscheiden über den weiteren Verlauf einer Gründung.

Henco handelt stets im Team. Für jede seiner Unternehmensgründungen stellt er eine individuelle Gründungs- und Führungsmannschaft zusammen. Zu einer solchen Mannschaft gehören einerseits bekannte und bewährte Partner, andererseits auch neue Personen, die spezielle Kenntnisse, Fähigkeiten und Netzwerke für das neue Unternehmen mitbringen.

Der Erfolg eines Unternehmens beruht für Henco immer auf den Handlungen eines Teams, nie eines Einzelnen. Teams haben den Vorteil, dass hier Menschen mit unterschiedlichen Fähigkeiten zusammenkommen können. Diese Fähigkeiten sollten sich gegenseitig ergänzen und dazu beitragen, die Stärken herauszustellen und die Schwächen zu kompensieren. Dies bedeutet, dass bei Gründungen in der Biotechnologie neben den Wissenschaftlern und Technikern auch immer Personen benötigt werden, die sich mit der Unternehmensführung, kaufmännischen Themen und dem Marketing auskennen. Henco hat dies im Laufe seines ersten Unternehmens Diagen/Qiagen gelernt: Jeder der Gründer wies von Anfang an besondere Kompetenzen auf – einer in der Technologie, einer im Markt und einer im Umgang mit Menschen. Eine Person mit kaufmännischen Kenntnissen fehlte und wurde von außen hinzugeholt (Rebentrost 2006).

Unternehmensgründer müssen jedoch auch menschlich zusammenpassen: Die „Chemie" muss stimmen. Um möglichst schnell herauszufinden, ob Menschen in der Führung zusammenarbeiten können, ist laut Henco eine große Offenheit notwendig: Jeder sollte seine Stärken und Schwächen kennen, die anderen Teammitglieder unterstützen oder sich selbst helfen lassen. Es muss eine offene Kommunikationskultur herrschen. Dies bedeutet nicht, dass alle stets einer Meinung sind – vielmehr entstehen die besten Lösungen oft durch Diskussionen und Auseinandersetzungen. Wichtig ist jedoch, dass alle das gemeinsame Ziel vor Augen haben und dass es schlussendlich zu einem Konsens kommt. Personen, die nur auf ihre eigenen Interessen und sich selbst achten, sind für eine Konsensfindung ungeeignet. Für Henco sind wichtige Entscheidungen stets Teamentscheidungen. Sollte man sich bei grundlegenden Themen auf keine gemeinsame Linie einigen können, muss man sich schnell wieder voneinander trennen. Was richtig oder falsch ist, kann in vielen Fällen gar nicht eindeutig bestimmt werden. Hier sollte jeder Unternehmensgründer auch auf sein Bauchgefühl hören.

Die Wissenschaft ist sich nicht einig hinsichtlich des Erfolgs von komplementären Gründerteams in Hightechbranchen: Einerseits sind Gründerteams erfolgreicher, die sowohl auf das technologische Wissen der Wissenschaftler als auch auf das Wissen von Unternehmern über Gründung und Aufbau eines Unternehmens, Kenntnisse der Produktentwicklungs- und Produktionsprozesse sowie deren Marktwissen zurückgreifen können (Shane 2004). Andererseits bergen komplementäre Teams aufgrund des unterschiedlichen Lebenshintergrunds ein größeres Konfliktpotenzial: So kam es bei 30 % der Unternehmen mit Teamgründung in den ersten drei Jahren zum Ausscheiden eines geschäftsführenden Mitgründers (Hemer et al. 2006).

Vielleicht sind das drohende Konfliktpotenzial oder einfach auch Bequemlichkeit die Gründe, warum eine solche Komplementierung des Gründerteams vielfach nicht erfolgt. In wissenschaftsorientierten Branchen wie der Biotechnologie bestehen die Gründerteams vorwiegend aus Wissenschaftlern: Wie eine Untersuchung zeigt, setzen sich bei Spin-offs aus der Wissenschaft fast 70 % der Gründerteams ausschließlich aus Natur- und/oder Ingenieurwissenschaftlern zusammen (Hemer et al. 2007). Nur in einigen wenigen Fällen werden Personen von außen in das Team integriert, um den kaufmännischen und unternehmerischen Bereich abzudecken (Cooper und Park 2008). Hencos Erfahrungen bei der Gründung von immerhin 24 Biotechnologieunternehmen sprechen dafür, auf die Teamzusammensetzung mehr Wert zu legen, als dies bisher geschieht.

9.2.3 Besonderen Fokus auf den Markt und den Kunden legen

Der Markt und der Kunde sind Bestandteil des Geschäftsmodells. Nach der Erfahrung von Henco begehen viele Unternehmensgründer in der Biotechnologiebranche den Fehler, dass sie den Markt zu wenig beachten. Deshalb soll dieses Thema hier separat behandelt werden.

Henco behauptet, dass Unternehmensgründer sich früh dem Markt stellen müssen: Sie müssen sich mit ihren geplanten Produkten ihren potenziellen Kunden gegenüber positionieren und exponieren. Hier haben sie einige Möglichkeiten: Beispielsweise, indem sie schon von Beginn an den Kunden ihr Angebot präsentieren und die Rückmeldungen in die Produktentwicklung integrieren. Oder indem sie gezielt das gewünschte Eigenschaftsprofil von den Kunden abfragen. Oder indem sie überlegen, ob sie mit ihrem geplanten Produkt vielleicht ganz andere Kunden ansprechen könnten. Laut Henco muss dieses „Rückkopplungs-Regulativ" fester Teil der Unternehmens- und Produktentwicklung sein. Die Prozesse und die alltägliche Arbeit sind also so weit wie möglich auf den Kunden auszurichten.

Der amerikanische Investor David Feinleib nennt dies „Product-Market Fit". Ein Produkt sollte so ausgestaltet werden, dass es einerseits die Kundenbedürfnisse erfüllt, andererseits anderen Produkten überlegen ist. Seiner Meinung nach ist die Suche nach diesem Product-Market Fit die wichtigste Tätigkeit von Unternehmensgründern. Alle anderen Aktivitäten sollten demgegenüber zurückstehen. Feinleib nennt drei Gründe, warum Unternehmer den Product-Market Fit nicht erreichen: Sie verwenden zu viel Zeit auf die Technologie, sie weigern sich anzuerkennen, dass ihr Produkt in dieser Form von den Kunden nicht gewünscht wird, und sie finden keinen Weg, um ihre Kunden zu erreichen oder diesen Prozess effizient zu gestalten (Feinleib 2012).

Unternehmensgründer, die in der Medikamentenentwicklung tätig sind, müssen sich besonders viele Gedanken über ihre tatsächlichen Kunden machen. Diese Unternehmen werden in der Regel durch Venture Capital finanziert. Aufgrund des hohen Risikos steigt hier kein anderer Kapitalgeber ein. Dies führt laut Henco dazu, dass viele Unternehmensgründer die Investoren als ihre Kunden sehen. Das ist jedoch zu kurz gegriffen: Die Investoren stellen zwar das notwendige Kapital für die Produktentwicklung und den Unternehmensaufbau zur Verfügung. Die Idee könnte also ohne die Investoren gar nicht umgesetzt werden. Allerdings ist der Käufer des Produkts jedoch ein ganz anderer: Bei der Medikamentenentwicklung sind es die Pharmafirmen, die einen vielversprechenden Wirkstoff kaufen, um ihn weiterzuentwickeln und als Medikament auf den Markt zu bringen. Und diese Firmen richten sich wiederum nach den Bedürfnissen ihres Markts – den Krankenkassen, den Ärzten und ggf. als letztem Glied der Kette auch nach den Patienten. Ein Unternehmensgründer tut also gut daran, mit den potenziellen Käufern seiner Entwicklung frühzeitig Kontakt aufzunehmen. Nur so kann es ihm gelingen, ein Produkt bzw. eine Technologie mit dem gewünschten Eigenschaftsprofil zu entwickeln. Bei längeren Produktentwicklungszeiten sind hier regelmäßige Kontakte zu empfehlen, um stets den aktuellen Entwicklungsstand darzustellen und sich auch im Vergleich zur Konkurrenz zu positionieren.

9.2.4 Aus Fehlern und Erfolgen lernen

Ob Unternehmensgründer und Serial Entrepreneure aus ihrer unternehmerischen Erfahrung im positiven Sinne lernen, ist in der wissenschaftlichen Literatur bis heute nicht geklärt. Quantitative Studien konnten bisher keinen eindeutigen positiven Zusammenhang zwischen vorhergehender Gründungs- bzw. unternehmerischer Erfahrung und dem Unternehmenserfolg (z. B. in Form von Umsatz- und

Beschäftigungswachstum) nachweisen: So gibt es Studien, die einen positiven Zusammenhang herstellen, andere wiederum negieren jeglichen Einfluss der Erfahrung oder sehen sogar negative Auswirkungen. Allerdings haben diese widersprüchlichen Befunde auch methodische Gründe (Merz 2008).

Fragt man die Serial Entrepreneure selbst, so berichten sie von zahlreichen Erkenntnissen und Erfahrungen, die sie bei ihren nächsten Unternehmen gewinnbringend umsetzen konnten. Sie sind „Experten für Unternehmertum" und haben gelernt, ihre Erfahrungen und ihr Wissen so zu strukturieren, dass ihr nächstes Unternehmen davon profitieren kann. Der Wert der Erfahrung zeigt sich nicht nur im meist größeren finanziellen Erfolg, sondern auch in Kompetenzen wie der Fähigkeit, eine tragfähige Geschäftsidee zu erkennen, ein geeignetes Team zusammenzustellen, die erforderlichen Ressourcen zu akquirieren und die persönlichen Ziele zu erreichen.

Natürlich kann jedes neue Unternehmen eines Serial Entrepreneurs scheitern, auch wenn die vorhergehenden Unternehmen erfolgreich waren. Dies liegt an der Vielzahl der Einflussfaktoren, die zu einem großen Teil vom Entrepreneur nicht beherrschbar sind. Bei einer Untersuchung von amerikanischen Unternehmern zeigte sich, dass das Scheitern ziemlich gleich auf die äußeren Umstände (z. B. Einfluss des Umfelds) und Fehler des Entrepreneurs (z. B. ungeeignetes Geschäftsmodell) verteilt ist (Cardon et al. 2011). Aber genau aus diesem Scheitern kann wieder gelernt werden. Es handelt sich um einen kontinuierlichen Lernprozess, der sich über das gesamte Berufsleben und über alle Unternehmen des Serial Entrepreneurs hinzieht.

Wie Henco betonen auch andere Serial Entrepreneure, dass Fehler auf dem Weg zu einem Unternehmen unvermeidlich sind. Wenn man Neues schafft, gibt es noch keinen bekannten Weg und kein Patentrezept. Um überhaupt vorwärtszukommen, müssen Entscheidungen gefällt werden, auch wenn der Unternehmer deren Konsequenzen nicht in aller Deutlichkeit voraussehen kann (s. Abschn. 3.1 Gespräch mit Serial Entrepreneur Philipp Spangenberg). Diese Entscheidungen können sich als richtig oder falsch erweisen. Wichtig ist, Fehler als solche anzuerkennen und schnell und konsequent zu reagieren. Und den gleichen Fehler, wenn möglich, zu vermeiden. Wie die Literatur zum Expertentum zeigt, erhöhen stetig wachsende Herausforderungen die Leistungen von Personen. Das Üben, Testen und Ausprobieren führt zuerst zu Fehlern und dann zu erkennbaren Leistungssteigerungen (Ericsson 2003). Gerade aus „intelligenten" Fehlern, d. h. aus Fehlern, die neue Informationen für Handlungen liefern, kann viel gelernt werden.

Allerdings gibt es gewisse Fehler, die immer wieder begangen werden. Nach der Erfahrung von Henco betreffen diese die Wahl des Geschäftsmodells, die

Zusammenstellung des Teams und die Ausrichtung des Unternehmens auf den Kunden. Die Interviews in diesem Buch sprechen noch weitere Bereiche an. Somit ist es für einen Unternehmensgründer oder Unternehmer stets hilfreich, sich die Learnings anderer zu verdeutlichen. Dass man aus Fehlern lernen kann, heißt ja nicht, dass man diese Fehler alle selbst begehen muss. Ein Teil der Fehler kann durch Lesen, Gespräche und die Beobachtung anderer Unternehmer vermieden werden. Allerdings müssen bestimmte Fehler wohl selbst erfahren werden, da sie schon lange bekannt sind, aber immer wieder passieren – wie etwa die Entwicklung eines Produkts im stillen Kämmerlein am Kundenbedarf vorbei (s. Abschn. 8.1 Gespräch mit Serial Entrepreneur Dirk Brunner).

Wichtig ist jedoch, nicht nur aus Fehlern, sondern auch aus Erfolgen zu lernen. Wenn etwas gut funktioniert hat, neigen viele Personen dazu, diese Erfolge rein den eigenen Fähigkeiten zuzuschreiben oder sie gar nicht weiter zu beachten. Der Mensch ist auf Schwächen und Probleme fixiert, beim Wahrnehmen und Nutzen von Stärken und Chancen tut er sich oft schwer. Jeder Erfolg bietet deshalb die Möglichkeit, weiter zu lernen. Fragen wie „Was ist gut gelaufen?“, „Warum ist es gut gelaufen?“ und „Wie kann ich dies für die Zukunft nutzen?“ sollte sich jeder Entrepreneur immer wieder stellen und beantworten.

Das Lernen aus Fehlern sollte nicht nur für die Führungsmannschaft, sondern für alle Mitarbeiter selbstverständlich sein. Voraussetzung hierfür ist ein toleranter Umgang mit Fehlern schon in einer sehr frühen Phase des Unternehmens. Von einer toleranten Fehlerkultur kann bei einem jungen Unternehmen wohl noch nicht gesprochen werden, da sich eine Kultur erst nach längerer Zeit festigt. Allerdings wird schon ganz am Anfang der Grundstein dafür gelegt, wie mit Fehlern umgegangen wird. Dies sollten die Unternehmensgründer im Kopf behalten und immer wieder überprüfen, ob sie nicht doch gegen ihren Willen ein starres und inflexibles Unternehmen aufbauen, wie es diese in einer großen Zahl gibt.

9.2.5 Tipps für Unternehmer und Unternehmensgründer

Tipps für Unternehmen

- Häufige Fehler und Fehlerquellen bei der Entwicklung von innovativen Produkten und Dienstleistungen sollten vorab studiert und über deren Vermeidung nachgedacht werden.

- Jeder Entrepreneur sollte anerkennen und auch akzeptieren, dass Fehler gerade bei neuen Projekten unvermeidlich sind.
- Fehler lassen sich zum Lernen nutzen: Dies setzt eine Analyse der Fehlerursachen und Fehlerfolgen voraus.
- Auch Erfolge können als Lernquelle dienen.
- Eine fehlertolerante Unternehmenskultur fördert das Lernen aus Fehlern. Dies bedeutet aber nicht, das alle Fehler akzeptiert werden müssen.

Weitere Tipps für Unternehmensgründer

- Häufige Fehler und Fehlerquellen bei einer Unternehmensgründung sollten vorab studiert und über deren Vermeidung nachgedacht werden. Solche Fehler betreffen in vielen Fällen das Geschäftsmodell, die Zusammenstellung des Gründerteams und die (fehlende) Nähe zum Markt.
- Fehler und Fehleinschätzungen sollten möglichst rasch erkannt werden. In der Konsequenz ist schnell und entschieden zu handeln.
- Fehler können sehr schnell zum Scheitern einer Unternehmensgründung führen. Dies bedeutet aber nicht, dass der Unternehmer als Person gescheitert ist. Es gibt immer wieder neue Chancen.

Literatur

Cardon, Melissa S., Christopher E. Stevens, und Ryland D. Potter. 2011. Misfortunes or mistakes? Cultural sensemaking of entrepreneurial failure. *Journal of Business Venturing* 26 (1): 79–92.

Christensen, M. Clayton, Kurt Matzler, und Stephan Friedrich von den Eichen. 2013. *The Innovator's Dilemma. Warum etablierte Unternehmen den Wettbewerb um bahnbrechende Innovationen verlieren.* München: Vahlen.

Cooper, Sarah Y., und John S. Park. 2008. The impact of „Incubator" organizations on opportunity recognition and technology innovation in new, entrepreneurial high-technology ventures. *International Small Business Journal* 26 (1): 27–56.

Ericsson, K. Anders. 2003. The search for general abilities and basic capacities: Theoretical implications from the modifiability and complexity of mechanisms mediating expert performance. In *The psychology of abilities, competencies, and expertise*, Hrsg. J. Robert Sternberg, und L. Elena Grigorenko, 93–125. Cambridge: Cambridge University Press.

Feinleib, David. 2012. *Why startups fail and how yours can succeed.* New York: Apress.

Hemer, Joachim, Herbert Berteit, Gerd Walter, und Maximilian Göthner. 2006. Erfolgsfaktoren für Unternehmensausgründungen aus der Wissenschaft. Success Factors for Academic Spin-offs. Stuttgart: Fraunhofer IRB. http://www.isi.fraunhofer.de/isi-wAssets/docs/p/de/publikationen/TLF-Spin-Offs_Zusammenfassung.pdf. Zugegriffen: 15. Jan. 2016.

Hemer, Joachim, Michael Schleinkofer, und Maximilian Gothner. 2007. *Akademische Spin-offs – Erfolgsbedingungen für Ausgründungen aus Forschungseinrichtungen. Studien des Büros für Technikfolgen-Abschätzung beim Deutschen Bundestag.* Bd. 22. Berlin: Edition sigma. https://www.tab-beim-bundestag.de/de/pdf/publikationen/buecher/hemer-etal-2007-109.pdf. Zugegriffen: 30. Jan. 2016.

Merz, Christin. 2008. *Erfahrene Unternehmensgründer.* Wiesbaden: Springer Gabler.

Nörr, Monika. 2015. *Analyse der Entwicklung von Serial Entrepreneurs aus Hightech-Branchen – mit einem Schwerpunkt auf dem Human- und Sozialkapital.* Diss., Hamburg: Dr. Kovač.

Osterwalder, Alexander, und Yves Pigneur. 2011. *Business model generation.* Frankfurt a. M.: Campus.

Parker, Simon C. 2006. Learning about the unknown: How fast do entrepreneurs adjust their beliefs? *Journal of Business Venturing* 21 (1): 1–26.

Rebentrost, Inken. 2006. *Das Labor in der Box: Technikentwicklung und Unternehmensgründung in der frühen deutschen Biotechnologie.* Schriftenreihe zur Zeitschrift für Unternehmensgeschichte, Bd. 16. München: Beck.

Shane, Scott. 2004. *Academic entrepreneurship. University spinoffs and wealth creation.* Northampton: Elger.

Corporate Spin-offs: Innovationen in einem neuen Unternehmen realisieren

10

Wir versuchen, den Blick des ‚deutschen Ingenieurs' zu vermeiden, dass man alles erst zu Ende denken und strategisch richtig machen muss.

Zusammenfassung

Etablierte Unternehmen geraten oft in die Zwickmühle, einerseits ihr bestehendes Geschäft möglichst effizient zu managen, andererseits flexibel neue Märkte für die Zukunft zu erschließen. Ausgründungen, sog. Corporate Spin-offs, sind eine Möglichkeit für Unternehmen, neue Märkte zu erproben und gleichzeitig eigene Technologien und Produkte zu verwerten, die nicht zu ihren Kernkompetenzen gehören. Eine weitere Chance besteht im Wissenstransfer in beide Richtungen: Die Spin-offs können von den Netzwerken und dem Wissen des Unternehmens auf Gebieten wie Marketing, Recht und Finanzen profitieren. Etablierte Unternehmen lernen Schnelligkeit und erhalten Zugang zu Start-up typischen Vorgehensweisen wie Lean Start-up, agile Softwareentwicklung oder Guerilla-Marketing. Der Ingenieur und Serial Entrepreneur Markus Brehler spielt bei zwei Ausgründungen von Siemens eine entscheidende Rolle. Im persönlichen Gespräch berichtet er von seinem Werdegang als Mehrfachgründer und seinen Erfahrungen und Learnings.

Markus Brehler, Geschäftsführer, Caterva GmbH

Markus Brehler (s. Abb. 10.1) studierte Nachrichtentechnik an der Technischen Universität München. Nach seinem Studium war er rund zwölf Jahre bei der Siemens AG in verschiedenen leitenden Positionen tätig. Zudem baute er dort ein erfolgreiches internes Start-up auf.

M. Nörr, *Key Learnings aus dem Serial Entrepreneurship*,
DOI 10.1007/978-3-658-13084-8_10

Abb. 10.1 Serial Entrepreneur Markus Brehler. (© Markus Brehler)

Brehler hat drei Unternehmen gegründet bzw. mitgegründet: Er ist Mitgründer von zwei Unternehmen in der Elektrotechnik sowie Gründer einer Unternehmensberatung.

Im Jahr 2001 gründete Brehler zusammen mit vier Kollegen von Siemens die EnOcean GmbH in Oberhaching bei München. Das Unternehmen ist ein Spin-off der Siemens AG. Die Geschäftsidee basiert auf der batterielosen Funksensorik. Das Unternehmen entwickelt und produziert Schalter, Sensoren und Empfänger für den Einsatz in der Gebäude- und Industrieanlagenautomatisation. Die Finanzierung erfolgte über Venture Capital. Das Unternehmen erhielt zahlreiche Preise. Brehler nahm die Funktion des CEO bis zum Jahr 2011 wahr. Heute hat EnOcean rund 60 Mitarbeiter, die EnOcean-Funkkomponenten sind in mehreren hunderttausend Gebäuden im Einsatz.

Anschließend, im Jahr 2012, gründete Brehler die Septimer GmbH in Baierbrunn bei München. Als Geschäftsführer berät er Unternehmen und Neugründungen im Hightechbereich zu deren strategischer Ausrichtung. Septimer dient auch als Plattform für das Beteiligungsmanagement.

Sein drittes Unternehmen, die Caterva GmbH, gründete Brehler im Jahr 2013 in Pullach bei München zusammen mit seinen Partnern Roland Gersch und Gabriele Ellenrieder. Brehler übt die Funktion des CEO aus.

Das Unternehmen ist derzeit im Aufbau und hat rund 20 Mitarbeiter. Es entwickelt Energiespeichersysteme, die – durch Fotovoltaikanlagen gespeist – zu einem virtuellen Kraftwerk zusammengeschaltet werden und Regelenergie zur Stabilisierung des Stromnetzes bereitstellen.

Brehler ist in zahlreichen Netzwerken aktiv, unter anderem Mitglied der Vollversammlung sowie des Industrie- und Innovationsausschusses der IHK für München und Oberbayern, Vorstand der Landesgruppe Bayern des Zentralverbands Elektrotechnik- und Elektronikindustrie (ZVEI) und Vorstand von Munich Network.

Quelle: Nörr 2015

10.1 Gespräch mit Serial Entrepreneur Markus Brehler

▶ Wie und warum sind Sie zum Unternehmer geworden?

Nach meinem Studium der Nachrichtentechnik war ich zwölf Jahre lang bei der Siemens AG in verschiedenen Funktionen tätig. Im Jahr 2000 nahm ich an einem Change-Agent-Programm teil. Das Ziel war, zu lernen, wie innerhalb oder außerhalb eines Konzerns neue Geschäfte angestoßen werden können. Die Seminare fanden an internationalen und renommierten Universitäten und Instituten statt. Parallel baute ich ein erfolgreiches Start-up innerhalb der Siemens AG auf.

Ich wollte immer schon als Unternehmer tätig sein, allerdings fehlten mir lange Zeit die richtige Idee und die Finanzmittel für ein eigenes Unternehmen. Eine solche Idee wurde durch einen ehemaligen Kollegen von Siemens an mich herangetragen: Nach dem Change-Agent-Programm sprach er mich an und zeigte mir ein Modell eines batterielosen Funkschalters. Zusammen mit dem Siemens Technology Accelerator erarbeiteten wir ein Geschäftskonzept, auf dessen Grundlage EnOcean entstand. Siemens lieferte zudem das Know-how und die Kontakte zu dem benötigten Venture Capital. Zusammen mit meinen Mitgründern baute ich das Unternehmen in der Rolle des CEO auf.

▶ Warum haben Sie das zweite und weitere Unternehmen gegründet?

Alles hat seine Zeit. EnOcean verließ ich nach zehn Jahren aufgrund einer neuen strategischen Ausrichtung des Unternehmens. Ich gründete eine Beratung, die Septimer, für neue Firmen im Bereich Strategie mit dem Schwerpunkt „Ideen umsetzen“. Anfangs nahm ich mir viel Zeit, um verschiedene Ideen anzusehen und Netzwerkveranstaltungen zu besuchen. Zudem war ich eine Zeit lang „Entrepreneur in Residence“ im gate, dem Garchinger Technologie- und Gründerzentrum. Dort beriet ich junge Unternehmer und lernte deren Geschäftsideen kennen. Ob etwas gelingt, hängt ja stets von der Kombination der Geschäftsidee mit den Personen ab.

Die Geschäftsidee und die Herangehensweise einer Gründerin haben mich so sehr überzeugt, dass ich heute an ihrem Unternehmen finanziell beteiligt bin. Zudem kann ich in das Unternehmen meine bisherigen Erfahrungen und Kontakte einbringen.

Während dieser Zeit sprach mich „Siemens Novel Businesses“ mit einer neuen Idee an. Es ging um die Speicherung von Solarenergie in Batterien und den Verkauf dieses Stroms an speziellen Energiemärkten. Siemens bat mich, das Konzept aus Sicht eines Entrepreneurs zu beurteilen, und wollte auf diese Weise „den Blick von außen“ in das Unternehmen holen. Meine Aufgabe war es, die Realisierbarkeit des Konzepts hinsichtlich Markt und Technologie zu beurteilen. Zusammen mit dem künftigen CTO habe ich erste Geräte gebaut, habe den Geschäftsplan weiterentwickelt und im Herbst 2013 mit zwei Partnern die Caterva gegründet. Caterva ist erneut eine Kooperation mit Siemens, Siemens hat Anschubfinanzierung und Know-how gegeben.

Für die Gründung dieses Unternehmens habe ich mich entschieden, da es sich hier um die spannende Kombination aus vertrauten und neuen Gebieten handelt. Neue Produkte im Haus zu installieren – hier konnte ich auf mein Wissen von EnOcean hinsichtlich Wertschöpfungsketten und Kontakten zu Lieferanten und Partnern zurückgreifen. In die Feinheiten des hochregulierten Strommarkts musste ich mich neu einarbeiten. Das ist absolut machbar, von einer Branche in die andere zu springen.

▶ Wie sieht das Geschäftsmodell von Caterva aus?

Caterva bietet mit der „Caterva-Sonne“ den Endkunden die optimale Kombination aus Eigenstromlösung und Vernetzung: Stromspeicher versorgen den Privatkunden zu 100 % mit dem Strom seiner Fotovoltaikanlage. Die Vernetzung der Caterva-Sonnen ergibt einen virtuellen Großspeicher. Durch dessen Bewirtschaftung werden Zusatzerlöse im Stromhandel bzw. durch die Stabilisierung des Stromnetzes erzielt, die Endkunden und Partnern der Caterva zugutekommen. Das Caterva-System umfasst neben den Caterva-Sonnen das selbst entwickelte Caterva-Energiemanagement für virtuelle Großspeicher und die Caterva-App, mit der sich Endkunden über Status und Effizienz ihrer Caterva-Sonne informieren können.

▶ Als Sie damals EnOcean aus Siemens ausgründeten, waren Sie noch bei Siemens angestellt. Nun haben Sie viele Jahre als eigenständiger Unternehmer gearbeitet. Welche Erfahrungen können Sie in die Caterva einbringen, die ja wieder ein Spin-off von Siemens ist?

Drei Punkte sind mir für die Gestaltung des neuen Unternehmens besonders wichtig: eine möglichst geringe Komplexität des Geschäftsmodells, ein endkundenfähiges Produkt und ein stimmiges Team.

Das Geschäftsmodell sollte sowohl von der Produktseite als auch von der Marktseite her möglichst wenig komplex sein. Bei Caterva ist das etwas einfacher, da wir die Technologie aus vorhandenen Komponenten integrieren und die Innovation in der Software abbilden können. Der Markt ist aufgrund der hohen Regulierungen komplex, wir haben uns in diesen aber schon sehr gut eingearbeitet. Das Wichtigste: Der Markt für Solarstromspeicher existiert bereits und wird von mehreren Lieferanten bedient. Die Frage: „Wofür braucht man das?", die stellt niemand – es geht darum, mit dem richtigen Geschäftsmodell in dem vorhandenen und wachsenden Markt erfolgreich zu sein.

Das Produkt von Caterva ist zudem direkt endkundenfähig. Wir benötigen nicht zwingend sofort Zwischenhändler. Wir können uns zwar bei der Vermarktung unterstützen lassen, z. B. durch Stadtwerke, aber wir müssen es nicht tun. Wir haben unmittelbaren Kontakt zu unseren Kunden und erhalten auf diese Weise wertvolles Wissen aus erster Hand. Zudem kommen die Umsätze uns direkt zugute.

Zum dritten Punkt „stimmiges Team": Das Wichtigste sind A-Player im Team. Gerade im technischen bzw. im Softwarebereich gibt es große Unterschiede in der Produktivität von Teams. Die Herausforderung ist zum einen die fachliche Dimension, dazu kommt dann die soziale Kompetenz als Team. Der Einzelne kann in komplexen Themen nichts bewegen – die Kooperation im Team führt zum Ergebnis.

▶ Die Geschwindigkeit wird heute immer wichtiger. Wie gewährleisten Sie einen schnellen Unternehmensaufbau?

Vieles basiert hier auf meinem Wissen, meinen Erfahrungen und meinen Kontakten. So war meine Erfahrung in der Branche Haustechnik einer der wesentlichen Gründe, warum Siemens gerade mich geholt hat. Ich weiß zumindest, was definitiv nicht geht. Ob die neuen Ideen funktionieren, das werden wir sehen.

Von Anfang an habe ich auf einfache und schlanke Managementstrukturen geachtet. Ich bin ein Freund von klarer „Command Chain", d. h., das

Unternehmen hat einen Geschäftsführer und definierte Verantwortlichkeiten. In Deutschland gibt es ja keine CEOs, die Geschäftsführer und Vorstände sind immer gleichberechtigt. Da kann man höchstens inhaltlich einen Schwerpunkt setzen. Und wenn der Kollege eine Entscheidung nicht mitträgt, da sie ihm zu riskant ist oder Individualinteressen verfolgt werden, gibt es keine Weiterentwicklung. Eine klare Command Chain bedeutet jedoch nicht, dass ich alles diktiere. Unser komplettes Geschäft ist neu und muss sich entwickeln. Die Chance, dass ich alles weiß, geht gegen null. Also bin ich gut beraten zuzuhören, was die Mitgründer und Mitarbeiter mir sagen, und ihre Ideen auch einzubeziehen. Aber an einem bestimmten Punkt treffe ich die Entscheidung.

Die Unternehmensstrategie ist für mich von hoher Bedeutung. So habe ich schon am Anfang strategische Fragen im Team beantwortet: Was ist unsere Strategie? Was sind unsere Werte? Welche Kompetenzen benötigen wir? Dies reicht bis hin zu einem durchgängigen System zur jährlichen variablen Gehaltsfindung.

Und ich bin auch stärker operativ tätig als anfangs bei EnOcean. Dies ist möglich, da wir von Siemens als einzigem Kapitalgeber finanziert werden und ich nicht mehr so viel Zeit aufwenden muss, um Venture-Capital-Geber zu suchen und zu betreuen. Heute kann ich viele Dinge sehr schnell, weil ich weiß, wie es geht und wen ich fragen muss. Ich muss nicht mehr überlegen: Wo kommt der Steuerberater her? Wo kommt die Werbeagentur her? Ich spreche mit ein oder zwei Anbietern, dann entscheide ich und wende mich der nächsten Aufgabe zu. Diese Vorgehensweise hilft definitiv, auch in den alltäglichen, kleinen Dingen schneller zu sein, um keine Zeit zu verlieren.

Weiterhin habe ich Aufgaben outgesourct, die nicht zu unseren Kernkompetenzen gehören. So liegt die Buchhaltung beim Steuerberater, die Ausarbeitung von Förderprojekten bei einem externen Förderberater.

Im Kleinen haben sich viele Dinge durch den technischen Fortschritt erleichtert. Einen Serverraum braucht man heute nicht mehr, das kann man alles mit der Cloud machen. Mein Ziel ist größtmögliche Automatisierung, sodass alles schnell geht und stabil läuft.

▶ Beschleunigen Sie auch Ihre Produktentwicklungsprozesse?

Hierfür kombinieren wir viel Know-how: Wir bei Caterva haben unsere technologischen Erfahrungen und das erforderliche Management-Know-how. Unsere Ansprechpartner bei Siemens haben sich intensiv mit Konzepten wie dem Innovator's Dilemma von Clayton Christensen und Lean Start-ups befasst. Gerade mit der Lean-Start-up-Methode versuchen wir, unsere Geschwindigkeit von Anfang an zu steigern. Aber: Das Wissen ist das Handwerkszeug, in der konkreten Umsetzung merkt man dann, was geht und was nicht geht.

Wir führten Experimente durch, wobei wir möglichst schnell verschiedene Angebotspakete auf den Markt bringen, Kundenfeedback einholen und das Produkt dann entsprechend ändern. Wir probieren verschiedene Konzepte aus und verbessern diese aufgrund der unmittelbaren Rückmeldungen. So kommt man schneller zum Ergebnis des Experiments. Das kostet anfangs vielleicht ein paar Euro mehr, auf lange Sicht kostet es aber um den Faktor zehn weniger, da wir Fehler sehr schnell finden. Wir versuchen, den deutschen Ingenieurs-Blick zu vermeiden, dass man alles erst zu Ende denken und strategisch richtig machen muss. Ein paar Beispiele: Ist die Annahme, der Kunde will eine Batterie im Keller haben, richtig oder falsch? Ist die Annahme, dass ein Infrastruktur-Investor Interesse hat, richtig oder falsch? Ist die Annahme, dass der hochregulierte Markt dieses Produkt akzeptiert, richtig oder falsch?

▶ Wie finden Sie geeignete Mitarbeiter für Ihr junges Unternehmen?

Unsere Mitarbeiter haben wir teilweise über bestehende Kontakte und teilweise über Headhunter gefunden. Gerade erfahrene Fachkräfte in der Software, Elektronik und im Maschinenbau kriegt man nur über Headhunter. Für unsere technologischen Produkte benötigen wir erfahrene Fachkräfte. Das ist eine Grundvoraussetzung, um möglichst schnell produktiv zu sein und größere Fehler von vornherein zu vermeiden. Den einen oder anderen Berufsanfänger wollen wir natürlich gerne integrieren und freuen uns über frische Ideen.

In der Softwareentwicklung gibt es einen neuen Trend – junge Leute, die sich gar nicht mehr anstellen lassen, sondern nur noch auf Projektbasis arbeiten. Das bedeutet, auch immer mal wieder neue Mitarbeiter suchen zu müssen. Hierauf müssen wir uns natürlich auch einstellen.

Wir haben einen Standort gewählt, der auch für die Mitarbeiter attraktiv ist. Unser Büro liegt am Stadtrand von München, mitten im Leben und nicht in irgendeinem anonymen Industriegebiet.

▶ Was treibt Sie an? Was bedeutet für Sie Erfolg?

Mein Maßstab für Erfolg ist der geschaffene Wert. Darüber hinaus ist es wichtig für mich, neue Technologien am Markt zu positionieren. Ich glaube zwar, dass man mit Marketingideen schneller und mehr Geld verdienen kann, aber das kann ich nicht so gut. Persönlich wichtig ist mir, dass ich während meiner Tätigkeit sehr viel lerne und diese auch viel freier gestalten kann, als wenn ich in einem großen Unternehmen arbeiten würde. Mein Ziel für Caterva ist es, dass wir innerhalb von 15 Jahren der größte dezentrale Energiemanager Europas werden. Vier Jahre nach der Unternehmensgründung wollen wir profitabel sein.

10.2 Was Unternehmer von Markus Brehler lernen können

Markus Brehler war lange Zeit bei Siemens in verschiedenen leitenden Positionen angestellt, bevor er zum Unternehmer und Serial Entrepreneur wurde. Er lernte die Theorie des Unternehmertums bei Siemens durch die Teilnahme an einem Change-Agent-Programm und etablierte zeitgleich ein internes Start-up. Als sich die Chance bot, bei einer Ausgründung von Siemens mitzuwirken, ergriff er diese und baute sein erstes Unternehmen EnOcean zehn Jahre lang als CEO auf. Anschließend war er einige Zeit mit einem eigenen Unternehmen in der Strategieberatung von Unternehmensgründern tätig. Heute baut er eine weitere Ausgründung aus Siemens, die Caterva, auf.

Aus seinen vorhergehenden unternehmerischen Tätigkeiten gewann Brehler viele Erkenntnisse, die unter anderem die Reduzierung von Komplexität, die Erhöhung der Geschwindigkeit und den professionellen Unternehmensaufbau betreffen. Nachfolgend werden diese Learnings beschrieben, weiter ausgeführt und bei Bedarf ergänzt.

10.2.1 Komplexität reduzieren

Ein ganz wichtiges Lernfeld für Brehler war die Reduzierung der Komplexität des Geschäftsmodells. Sein erstes Unternehmen, EnOcean, wurde mit der Idee der batterielosen Schalter ausgegründet, einer Technologie, die nicht in den Kernmärkten von Siemens lag. Somit musste Brehler gleichzeitig eine neue Technologie entwickeln und einen neuen Markt erschließen. Dies erfordert viel Aufwand und Zeit: Bis eine solche Technologie marktreif und verkaufbar ist, müssen hohe Aufwendungen für Forschung und Entwicklung geleistet werden. Zudem ist eine Produktion mit speziellen Maschinen aufzubauen. Ein neuer Markt erfordert es, die potenziellen Kunden vom Nutzen des neuen Produkts zu überzeugen. Kunden kaufen nicht gleich etwas, nur weil es neu ist. Viele Kunden sind eher träge und behalten das Bewährte bei – in diesem Fall Schalter, die an das Stromnetz im Haus angeschlossen sind. Dies alles benötigt viel Zeit, was oft unterschätzt wird.

Brehlers jetziges Unternehmen, Caterva, beruht auf einem weniger komplexen Geschäftsmodell. Das Produkt wird aus Standardkomponenten zusammengebaut, die Innovation liegt in der Software. Zudem handelt es sich um einen vorhandenen Markt: Die Kunden kennen Solarstromspeicher und deren Nutzen. Aufgabe ist es nun, an diesem wachsenden Markt teilzunehmen und den Kunden überzeugende Lösungen zu liefern.

Zur Reduzierung von Komplexität trägt weiterhin bei, dass das Produkt von Caterva direkt an die Endkunden, d. h. die Personen, die sich den Stromspeicher in ihr Haus stellen, verkauft werden kann. Zwischenhändler können genutzt werden, sind aber keine Voraussetzung. Dies hat den Vorteil einer direkten Kundenrückmeldung, was für eine gezielte Produktentwicklung entscheidend ist. Zudem können von Anfang an höhere eigene Einnahmen generiert werden. Brehler ist die Endkundenfähigkeit des Produkts deswegen so wichtig, da er zuvor erfahren hat, welche Schwierigkeiten und Abhängigkeiten entstehen können, wenn man auf Zwischenhändler angewiesen ist.

Um ein neues Geschäftsmodell zu entwickeln, ein bestehendes Geschäftsmodell zu überprüfen oder die Komplexität zu reduzieren, kann die Methode der Geschäftsmodellgenerierung von Osterwalder/Pigneur verwendet werden. Diese beruht auf neun grundlegenden Bausteinen, die ein Geschäftsmodell beschreiben. Sie zeigt, aufgrund welcher Logiken ein Unternehmen oder ein Start-up Geld verdienen kann. Diese Bausteine decken die vier wichtigsten Bereiche von Unternehmen ab: Kunden, Angebot, Infrastruktur und finanzielle Überlebensfähigkeit. Vorteil ist, dass die Visualisierung auf einem Blatt Papier möglich ist. Die Methode erlaubt einen ganzheitlichen Blick auf Geschäftsmodelle sowie eine Weiterentwicklung im Team und kann von jedem Entrepreneur genutzt werden, der sich Gedanken um sein Unternehmen macht (Osterwalder und Pigneur 2011).

10.2.2 Geschwindigkeit erhöhen

Wie schon Drucker darlegte, gibt es für technologie- und wissensbasierte Innovationen meist ein Zeitfenster, innerhalb dessen sich diese etablieren müssen. Dieses Zeitfenster ist in der Regel kurz und mit vielen neuen Anbietern besetzt, der Konkurrenzdruck ist hoch. Somit ist eine gewisse Geschwindigkeit bei der Produkt- und Unternehmensentwicklung geboten. Dies gilt besonders für Branchen, die „heiß“ sind und im Blick der Öffentlichkeit liegen (Drucker 1985). Die Branche der Erneuerbaren Energien, in der Caterva tätig ist, kann zu diesen „heißen“ Branchen gezählt werden.

Brehler hat aufgrund seiner Erfahrungen mit EnOcean die Geschwindigkeit im Fokus. Bei der Produktentwicklung möchte er bei Caterva den Blick des deutschen Ingenieurs vermeiden, der dazu führt, dass man alles erst zu Ende denken und dann strategisch richtig machen muss. Er setzt vielmehr auf die Methode des Lean Start-up (Ries 2013): Hier wird die von Anfang an angestrebte Perfektion durch einen kontinuierlichen Prozess des Testens, des Lernens, des Umsetzens von Kundenfeedback, des nochmaligen Testens etc. ersetzt. Dieser Prozess wird so lange wiederholt, bis das Produkt für die Kunden einen Mehrwert schafft (s. Abschn. 8.1 Gespräch mit Serial Entrepreneur Dirk Brunner).

Die Lean-Start-up-Methode wendet Brehler auch auf die Unternehmensentwicklung an: So möchte er so viel wie möglich automatisieren, damit die Prozesse von selbst und schnell laufen. Hierbei konzentriert er sich auf die wesentlichen Kernkompetenzen. Andere Tätigkeiten vergibt er an externe Dienstleister. Zudem sorgt er dafür, dass alle Teammitglieder, einschließlich ihm selbst, von Anfang an auch produktiv tätig sind und der Overhead gering gehalten wird.

Zur Erhöhung der Geschwindigkeit tragen weiterhin eine von Anfang an definierte Unternehmensstrategie und schlanke organisatorische Strukturen bei. Die Strategie hilft allen Teammitgliedern bei der Orientierung und Priorisierung ihrer Aufgaben. Der Organisationsaufbau schafft Strukturen, die ein zielorientiertes und schnelles Arbeiten ermöglichen. Aufgrund seiner Erfahrungen bei EnOcean achtet Brehler darauf, dass Entscheidungen im Unternehmen zügig und eindeutig getroffen werden können. Er setzt auf eine klare „Command Chain" – letztendlich trifft er die Entscheidungen und ist für diese auch verantwortlich. Dies schließt Teamarbeit und das Einbeziehen der Mitgründer und Mitarbeiter bei der Entscheidungsvorbereitung keineswegs aus. Brehler fördert diesen Austausch sogar. Aber wenn es zu einer Entscheidung kommen muss, können sich seine Mitarbeiter darauf verlassen, dass er diese treffen wird und es nicht zu einer langen und entnervenden Zeit der Ungewissheit kommt.

Nach Malik ist das Entscheiden nicht die einzige, aber die kritische Aufgabe der Führungskraft. Bei der Entscheidungsvorbereitung sollte möglichst viel Wissen, das in einem Unternehmen vorhanden ist, integriert werden, das Wissen und die Urteilskraft der Mitarbeiter sollten genutzt werden. Die Entscheidung selbst muss jedoch durch den Verantwortlichen getroffen werden (Malik 2014).

Die Geschwindigkeit der Produkt- und Unternehmensentwicklung hängt entscheidend von den Mitarbeitern ab. Brehler benötigt einerseits sehr spezialisierte Mitarbeiter mit einer hohen Fachkompetenz in der Elektrotechnik. Diese müssen eine entsprechende Berufserfahrung aufweisen und werden langfristig in das Unternehmen integriert. Da eine der Kernkompetenzen von Caterva in der

Entwicklung der Steuerungssoftware liegt, sind hier kompetente Softwareentwickler notwendig. Nach Brehlers Worten gibt es gerade in diesem Bereich große Unterschiede bei der Produktivität. Es kommt also darauf an, auch hier schnell sehr gute Mitarbeiter zu finden. Dies stellt eine besondere Herausforderung dar, da viele Softwareentwickler inzwischen auf Projektbasis arbeiten und sich gar nicht mehr anstellen lassen möchten. Für diese Personen sind eine spannende Aufgabe und das Schaffen von Neuem zusammen mit anderen entscheidend (Giesa und Schiller Clausen 2014).

10.2.3 Neues und Vertrautes kombinieren

Brehler konnte bei allen seinen Unternehmensgründungen seine vorhergehenden Erfahrungen nutzen. Bei der Ausgründung von EnOcean aus Siemens waren es die theoretische Ausbildung im Unternehmertum und seine Erfahrungen beim Aufbau des internen Start-ups. Ausschlaggebend waren weiterhin Kontakte zu den Mitgründern von Siemens sowie seine Kenntnisse der Denkweisen und Strukturen des Konzerns. Neu waren für ihn das Produkt, die Branche und der Markt, wie weiter oben beschrieben.

Unterstützt wurde dieser Spin-off vom Siemens Technology Accelerator (STA), einer Siemens-internen Organisationseinheit, die Strategien zur externen Kommerzialisierung von innovativen Technologien identifiziert. Der Accelerator begleitet Ausgründungen von der Entwicklung des Businessplans über die Identifizierung von Partnern und Pilotkunden bis hin zu Verhandlungen mit externen Investoren, Käufern und Lizenznehmern (STA 2016). EnOcean konnte vor allem vom Know-how und den Kontakten zum Venture Capital profitieren.

Bei der Gründung von Caterva konnte Brehler auf seine Erfahrungen mit Siemens- Ausgründungen allgemein sowie seine Kenntnisse und Kontakte hinsichtlich der Wertschöpfungsketten und der Installierung von neuen Produkten in der Haustechnik zurückgreifen. Diese Erfahrungen waren auch attraktiv für Siemens, da sie mit Brehler einen Entrepreneur gewinnen konnten, der einerseits die Geschäftsidee aus unternehmerischer Sicht und mit dem „Blick von außen" beurteilen konnte, andererseits aber auch die Ziele des Siemens-Konzerns gut kannte. Neu ist für Brehler die Energiebranche mit ihren starken Regulierungen.

Bei dieser Ausgründung wurde Brehler von einer weiteren Siemens-internen Organisationseinheit unterstützt, von Siemens Novel Businesses (SNB). SNB fokussiert auf disruptive Innovationen und Geschäftsideen, die für Siemens interessant sind und das Potenzial haben, ganze Branchen zu revolutionieren. Die

Start-ups sind von Siemens unabhängig und werden von erfahrenen Entrepreneuren aufgebaut. Siemens finanziert diese Start-ups in ähnlicher Weise wie Venture-Capital-Geber. Caterva erhielt eine Anschubfinanzierung durch Siemens. Neben Caterva gehören zu diesen Start-ups derzeit Magazino, das Roboter für die Intralogistik entwickelt und verkauft, sowie ubimake mit einer Online-Werkbank für den 3D-Druck (SNB 2016).

Sowohl Brehler als Entrepreneur als auch Siemens als Mutterorganisation für die ausgegründeten Unternehmen setzen auf die Kombination von Neuem und Vertrautem. Auf diese Weise möchten sie den Technologien zum Durchbruch verhelfen und die Erfolgschancen der Spin-offs erhöhen.

10.2.4 Wie etablierte Unternehmen von Start-ups profitieren können

Große Unternehmen und Konzerne geraten oft in die Situation, die Christensen et al. in ihrem Buch „The Innovator's Dilemma" beschreiben (Christensen et al. 2013): Die Kompetenz dieser Unternehmen liegt in der Verbesserung vorhandener Produkte und Dienstleistungen für bekannte Märkte und Kunden. Allerdings fällt es ihnen schwer, Produkte zu entwickeln, die neue nachhaltige Quellen für Wachstum erschließen können. Bei Letzteren handelt es sich vielfach um disruptive Innovationen. Diese stellen deswegen eine große Gefahr dar, da die Unternehmen zwar jedes Jahr höhere Gewinne in ihren bewährten Geschäftsfeldern erzielen, sich dabei aber nicht bewusst sind, dass ihre Technologien veraltet sein können oder auch komplett neue Wettbewerber auftreten. Ein bekanntes Beispiel ist die Digitalfotografie, die in kurzer Zeit die bisher bewährten Kameras und Entwicklungstechniken der analogen Fotografie ersetzte.

Um neue Fähigkeiten und Kompetenzen, die durch Marktveränderungen gefordert sind, zu entwickeln, können etablierte Unternehmen diese entweder intern aufbauen, durch den Kauf oder die Zusammenarbeit mit einem Start-up erwerben oder durch die Ausgründung von Organisationseinheiten erlangen. Der interne Aufbau dieser Fähigkeiten wird als Corporate Entrepreneurship bezeichnet: Mitarbeiter sollen unternehmerisches Verhalten und Innovationsfähigkeit lernen und einbringen. Dieser Weg ist jedoch in vielen Fällen mühselig und langwierig (s. Abschn. 4.1 Gespräch mit Serial Entrepreneur Stefan Nardi-Hiebl), sollte jedoch von den Unternehmen zumindest bis zu einem gewissen Grade gegangen werden. So können bestehende Organisationsstrukturen in einem bestimmten Rahmen flexibilisiert werden, um Innovationen gedeihen zu lassen. Die Grenze liegt beispielsweise bei den von den Mitarbeitern geforderten

Verhaltensweisen: Es besteht ein Widerspruch zwischen der Null-Fehler-Philosophie in der Produktion und der Fehlertoleranz in innovativen Bereichen (Jaworski und Zurlino 2007).

Der Kauf von innovativen kleinen Unternehmen oder Start-ups ist eine weitere Möglichkeit zum Aufbau neuer Fähigkeiten und Kompetenzen. Allerdings haben viele Erfahrungen gezeigt, dass gekaufte Start-ups nicht in das etablierte Unternehmen integriert werden sollten – und wenn sie integriert werden, dann in einer solchen Art und Weise, dass sie eine möglichst hohe Eigenständigkeit beibehalten. Ansonsten verlieren gekaufte Start-ups ihre Innovationsfähigkeit und vor allem auch die Mitarbeiter.

Deshalb gehen etablierte Unternehmen immer häufiger den Weg, mit Start-ups zusammenzuarbeiten. Dies bietet ihnen die Möglichkeit, neue Geschäftsmodelle und Innovationen zu entdecken sowie neue Arten von Organisationen, Unternehmenskulturen und Prozessen kennenzulernen. Diese Zusammenarbeit geschieht häufig in Form von Inkubator- oder Accelerator-Programmen. Nach einer aktuellen Studie gab es im Jahr 2015 in Deutschland 26 Unternehmen mit Inkubatoren oder Acceleratoren, davon wurden fünf in 2015 neu gestartet. Ein Drittel der DAX-Konzerne betreibt bereits solche Programme zur Kooperation mit Start-ups, unter anderem Bayer, BMW und Deutsche Telekom. Weitere deutsche Unternehmen wie Axel Springer, Bosch, Fielmann, ProSiebenSat.1, Noerr und Vispiron (s. Abschn. 7.1 Gespräch mit Serial Entrepreneur Amir Roughani) setzen ebenfalls solche Initiativen ein (Kawohl et al. 2015).

Inkubatoren und Acceleratoren bieten ähnliche Leistungen für Start-ups an: Sie stellen Räume und Infrastruktur zur Verfügung, bieten Beratung und Coaching und gewähren teilweise finanzielle Mittel – stets jedoch für einen begrenzten Zeitraum, der meist bei maximal zwölf Monaten liegt. Allerdings ist hier nach Thomas Grota, Investment Director bei T-Venture, zu beachten, dass das Produkt und die internen Prozesse am allgemeinen Markt auszurichten sind. Kontraproduktiv ist es, in der frühen Entwicklungsphase die Spezialwünsche eines einzelnen Kunden umzusetzen, selbst wenn dieser Kunde der investierende Konzern ist. Die höchste Wertsteigerung kann erreicht werden, wenn zwischen dem Start-up und dem Konzern ein Höchstmaß an Neutralität eingehalten wird (Grota 2014).

Eine weitere Alternative ist die Ausgründung von Spin-offs. Gerade wenn die Technologie sich dazu eignet, als Plattform für verschiedene Anwendungen außerhalb des Kerngeschäfts zu dienen, kann der wirtschaftliche Wert vorwiegend durch eine Ausgründung gehoben werden. Das Unternehmen kann auf diese Weise von der Wertentwicklung der Ausgründung profitieren. Ein weiteres Motiv für Ausgründungen liegt in der Isolierung von Haftungsrisiken bei neu entwickelten Produkten (Rasmussen-Bonne 2011).

Wie bei den Unternehmen von Brehler geschehen, werden bei Ausgründungen in den meisten Fällen die Entwickler zusammen mit ihrer innovativen Technologie in ein separates Unternehmen ausgegliedert. Der CEO oder Manager kann von innen stammen, wird jedoch vielfach von extern hinzugeholt, da er den „Blick von außen" hat und Erfahrungen in der Unternehmensgründung und dem Unternehmensaufbau mitbringt.

Dies ist auch wissenschaftlich untersucht (Kirchmair 2010): Bei der Entscheidung für eine Ausgründung legen Manager den meisten Wert auf die technologische Überlegenheit des Produkts, gefolgt von einer hohen Qualität von kaufmännischen Kenntnissen im Team. Die technologischen Kenntnisse werden zumeist vorausgesetzt. Weiterhin wichtig sind ein im Verhältnis zum Ausgründungsaufwand hoher Nutzen für das etablierte Unternehmen und eine geringe Kompatibilität mit der eigenen Geschäftsstrategie. Überlegungen hinsichtlich Kannibalisierung spielen bei der Entscheidung überraschenderweise keine Rolle. Ebenso ist das Lernen laut der Studie nicht von Bedeutung: Ausgründungen wurden bisher vor allem als Verwertungsmechanismus und weniger als aktiver Gestaltungsmechanismus im Rahmen des Innovationsmanagements gesehen.

Ein großer Vorteil für Spin-offs gegenüber herkömmlichen Start-ups kann darin liegen, dass sie den Hebel des Mutterunternehmens nutzen können. Dieses kann beispielsweise als Entwicklungspartner, Marketingpartner oder Servicedienstleister dienen. Durch die Bekanntheit des Mutterunternehmens hat das Spin-off von Anfang an eine Glaubwürdigkeit und Reputation, für welche andere Start-ups Jahre benötigen. Dies zeigt sich auch in den höheren Überlebensraten der Spin-offs im Vergleich zu anderen Start-ups.

Ein etabliertes Unternehmen – sei es ein Großkonzern oder ein Mittelständler – tut gut daran, sich zu überlegen, wie es seine Innovationsfähigkeit auch auf lange Zeit sichern kann. Die Zusammenarbeit mit Start-ups, in welcher Weise auch immer, kann eine geeignete Strategie hierfür sein. Zielführend sind eine gewisse Offenheit des Unternehmens und der Wille zum gegenseitigen Lernen.

10.2.5 Tipps für Unternehmer und Unternehmensgründer

Tipps für Unternehmer

- Ein etabliertes Unternehmen sollte frühzeitig Überlegungen anstellen, wie die eigene Innovationsfähigkeit auf lange Zeit gesichert werden kann.

- Es empfiehlt sich, Strukturen so ausrichten, dass Neues und Bewährtes bis zu einem gewissen Grade im eigenen Unternehmen kombiniert werden können.
- Die Möglichkeiten des Kaufs von Start-ups oder der Zusammenarbeit mit solchen innovativen Unternehmen sollten geprüft werden.
- Eigene Technologien, die nicht zum Kerngeschäft des Unternehmens gehören, können auch in einem eigenen Unternehmen ausgegründet werden (Corporate Spin-off).
- Entscheidend bei Spin-offs ist, dass neben den technologischen Mitarbeitern auch ein Entrepreneur Bestandteil des Teams ist.
- Es sollte nicht nur auf die Technologieverwertung, sondern auch auf den gegenseitigen Wissensaustausch zwischen Unternehmen und Spin-off Wert gelegt werden.

Weitere Tipps für Unternehmensgründer – auch für Spin-off-Gründer

- Möchte ein (externer) Entrepreneur ein Spin-off aufbauen, sollte er sich bewusst sein, dass die Mutterorganisation immer einen gewissen Einfluss auf das Spin-off ausüben wird, auch wenn sie sich möglichst neutral verhält.
- Der Einfluss des Unternehmens kann im positiven Sinne genutzt werden, beispielsweise bei der Kontaktvermittlung oder der Bereitstellung von speziellen Kenntnissen.
- Der Gründer eines Spin-offs sollte viel Wert darauf legen, dass die eigenen Erfahrungen, Kenntnisse und Kontakte zu einem großen Teil verwertet werden können. Eine Kombination von Vertrautem und Neuem ist ideal.
- Die Komplexität sollte möglichst reduziert werden, indem das Geschäftsmodell so einfach wie möglich gehalten wird.
- Die Geschwindigkeit der Produkt- und Unternehmensentwicklung sollte möglichst hoch sein. Hierbei sind Experimente hilfreich, es muss nicht von Anfang an alles perfekt sein.

Literatur

Christensen, Clayton M., Kurt Matzler, und Stephan Friedrich von den Eichen. 2013. *The Innovator's Dilemma. Warum etablierte Unternehmen den Wettbewerb um bahnbrechende Innovationen verlieren.* München: Vahlen.

Drucker, Peter F. 1985. *Innovation and Entrepreneurship. Practice and Principles.* New York: HarperCollins.

Giesa, Christoph, und Lena Schiller Clausen. 2014. *New Business Order. Wie Start-ups Wirtschaft und Gesellschaft verändern.* München: Hanser.

Grota, Thomas. 2014. Was Konzerne wirklich von Startups wollen. http://www.gruenderszene.de/allgemein/corporate-venture-capital-ziele. Zugegriffen: 28. Febr. 2016.

Jaworski, Jürgen, und Frank Zurlino. 2007. *Innovationskultur: Vom Leidensdruck zur Leidenschaft. Wie Top-Unternehmen ihre Organisation mobilisieren.* Frankfurt a. M.: Campus.

Kawohl, Julian M., Olesja Rack, und Lukas Strniste. 2015. Status Quo Corporate Inkubatoren und Accelerator in Deutschland. Wie etablierte Unternehmen mit jungen Unternehmen zusammen arbeiten. Berlin. https://uploads.strikinglycdn.com/files/383126/69dc52f2-87ed-4118-84a3-22ab3bb9204e/Studie_Incubators_Accelerator.pdf. Zugegriffen: 13. Jan. 2016.

Kirchmair, Bernhard. 2010. Originäre Ausgründungen aus etablierten Unternehmen. Eine empirische Analyse der Ausgründungsentscheidung. Dissertation. Wiesbaden: Gabler

Malik, Fredmund. 2014. *Führen, Leisten, Leben,* 3. Aufl. Frankfurt a. M.: Campus.

Nörr, Monika. 2015. Analyse der Entwicklung von Serial Entrepreneurs aus Hightech-Branchen – mit einem Schwerpunkt auf dem Human- und Sozialkapital. Diss., Hamburg: Dr. Kovač.

Osterwalder, Alexander, und Yves Pigneur. 2011. *Business model generation.* Frankfurt a. M.: Campus.

Rasmussen-Bonne, Hans-Eric. 2011. Ausgründung. In *Handbuch Venture Capital. Von der Innovation zum Börsengang,* 4. Aufl, Hrsg. Wolfgang Weitenauer, 228–237. München: Beck.

Ries, Eric. 2013. *Lean Startup – Schnell, risikolos und erfolgreich Unternehmen gründen,* 2. Aufl. München: Redline.

Siemens Novel Businesses (SNB). 2016. http://www.snb.siemens.com. Zugegriffen: 13. März 2016.

Siemens Technology Accelerator (STA). 2016. http://www.sta.siemens.com. Zugegriffen: 13. März 2016.

Sachwortregister

M. Nörr, *Key Learnings aus dem Serial Entrepreneurship*,
DOI 10.1007/978-3-658-13084-8